Tafelwerk

Mathematik –
Physik –
Chemie

Klassen 7 bis 10

Volk und Wissen
Volkseigener Verlag
Berlin 1988

Zusammengestellt und bearbeitet von
Karlheinz Martin – Teil Mathematik,
Willi Wörstenfeld – Teil Physik,
Klaus Sommer, Edward Gutmacher – Teil Chemie.

Vom Ministerium für Volksbildung der Deutschen Demokratischen Republik als Schulbuch bestätigt.

Das Buch enthält Zahlentafeln, Wertetabellen und Formeln, die für den mathematisch-naturwissenschaftlichen Unterricht von der siebenten bis zur zehnten Klasse benötigt werden.

Tafelwerk Mathematik, Physik, Chemie : Klassen 7 bis 10. –
1. Aufl. – Berlin : Volk u. Wissen, 1987. – 64 S.

ISBN 3-06-000719-5

1. Auflage
Ausgabe 1988
Lizenz Nr. 203/1000/87 (SN 000719-1)
LSV 0681
Redaktion: Karlheinz Martin
Zeichnungen: Heinz Grothmann
Einband und typographische Gestaltung: Wolfgang Lorenz
Redaktionsschluß: 4. Juni 1987
Printed in the German Democratic Republic
Satz und Druck: Grafischer Großbetrieb Völkerfreundschaft Dresden
Schrift: 7/8 Univers mager
Bestell-Nr. 731 385 6
Schulpreis DDR: 1,30

Inhalt

physik

chemie

Quadratzahlen, Quadratwurzeln, Kubikzahlen, Kubikwurzeln der Zahlen 1, 2, ..., 100

n	n^2	$\sqrt{n}$	n^3	$\sqrt[3]{n}$	n	n^2	$\sqrt{n}$	n^3	$\sqrt[3]{n}$
1	1	1,000	1	1,000	51	2601	7,141	132651	3,708
2	4	1,414	8	1,260	52	2704	7,211	140608	3,733
3	9	1,732	27	1,442	53	2809	7,280	148877	3,756
4	16	2,000	64	1,587	54	2916	7,348	157464	3,780
5	25	2,236	125	1,710	55	3025	7,416	166375	3,803
6	36	2,449	216	1,817	56	3136	7,483	175616	3,826
7	49	2,646	343	1,913	57	3249	7,550	185193	3,849
8	64	2,828	512	2,000	58	3364	7,616	195112	3,871
9	81	3,000	729	2,080	59	3481	7,681	205379	3,893
10	100	3,162	1000	2,154	**60**	3600	7,746	216000	3,915
11	121	3,317	1331	2,224	61	3721	7,810	226981	3,936
12	144	3,464	1728	2,289	62	3844	7,874	238328	3,958
13	169	3,606	2197	2,351	63	3969	7,937	250047	3,979
14	196	3,742	2744	2,410	64	4096	8,000	262144	4,000
15	225	3,873	3375	2,466	65	4225	8,062	274625	4,021
16	256	4,000	4096	2,520	66	4356	8,124	287496	4,041
17	289	4,123	4913	2,571	67	4489	8,185	300763	4,062
18	324	4,243	5832	2,621	68	4624	8,246	314432	4,082
19	361	4,359	6859	2,668	69	4761	8,307	328509	4,102
20	400	4,472	8000	2,714	**70**	4900	8,367	343000	4,121
21	441	4,583	9261	2,759	71	5041	8,426	357911	4,141
22	484	4,690	10648	2,802	72	5184	8,485	373248	4,160
23	529	4,796	12167	2,844	73	5329	8,544	389017	4,179
24	576	4,899	13824	2,884	74	5476	8,602	405224	4,198
25	625	5,000	15625	2,924	75	5625	8,660	421875	4,217
26	676	5,099	17576	2,962	76	5776	8,718	438976	4,236
27	729	5,196	19683	3,000	77	5929	8,775	456533	4,254
28	784	5,292	21952	3,037	78	6084	8,832	474552	4,273
29	841	5,385	24389	3,072	79	6241	8,888	493039	4,291
30	900	5,477	27000	3,107	**80**	6400	8,944	512000	4,309
31	961	5,568	29791	3,141	81	6561	9,000	531441	4,327
32	1024	5,657	32768	3,175	82	6724	9,055	551368	4,344
33	1089	5,745	35937	3,208	83	6889	9,110	571787	4,362
34	1156	5,831	39304	3,240	84	7056	9,165	592704	4,380
35	1225	5,916	42875	3,271	85	7225	9,220	614125	4,397
36	1296	6,000	46656	3,302	86	7396	9,274	636056	4,414
37	1369	6,083	50653	3,332	87	7569	9,327	658503	4,431
38	1444	6,164	54872	3,362	88	7744	9,381	681472	4,448
39	1521	6,245	59319	3,391	89	7921	9,434	704969	4,465
40	1600	6,325	64000	3,420	**90**	8100	9,487	729000	4,481
41	1681	6,403	68921	3,448	91	8281	9,539	753571	4,498
42	1764	6,481	74088	3,476	92	8464	9,592	778688	4,514
43	1849	6,557	79507	3,503	93	8649	9,644	804357	4,531
44	1936	6,633	85184	3,530	94	8836	9,695	830584	4,547
45	2025	6,708	91125	3,557	95	9025	9,747	857375	4,563
46	2116	6,782	97336	3,583	96	9216	9,798	884736	4,579
47	2209	6,856	103823	3,609	97	9409	9,849	912673	4,595
48	2304	6,928	110592	3,634	98	9604	9,899	941192	4,610
49	2401	7,000	117649	3,659	99	9801	9,950	970299	4,626
50	2500	7,071	125000	3,684	**100**	10000	10,000	1000000	4,642

$y = x^2$ **(1,00 … 5,49)**

x	0	1	2	3	4	5	6	7	8	9
1,0	1,000	1,020	1,040	1,061	1,082	1,102	1,124	1,145	1,166	1,188
1,1	1,210	1,232	1,254	1,277	1,300	1,322	1,346	1,369	1,392	1,416
1,2	1,440	1,464	1,488	1,513	1,538	1,562	1,588	1,613	1,638	1,664
1,3	1,690	1,716	1,742	1,769	1,796	1,822	1,850	1,877	1,904	1,932
1,4	1,960	1,988	2,016	2,045	2,074	2,102	2,132	2,161	2,190	2,220
1,5	2,250	2,280	2,310	2,341	2,372	2,402	2,434	2,465	2,496	2,528
1,6	2,560	2,592	2,624	2,657	2,690	2,722	2,756	2,789	2,822	2,856
1,7	2,890	2,924	2,958	2,993	3,028	3,062	3,098	3,133	3,168	3,204
1,8	3,240	3,276	3,312	3,349	3,386	3,422	3,460	3,497	3,534	3,572
1,9	3,610	3,648	3,686	3,725	3,764	3,802	3,842	3,881	3,920	3,960
2,0	4,000	4,040	4,080	4,121	4,162	4,202	4,244	4,285	4,326	4,368
2,1	4,410	4,452	4,494	4,537	4,580	4,622	4,666	4,709	4,752	4,796
2,2	4,840	4,884	4,928	4,973	5,018	5,062	5,108	5,153	5,198	5,244
2,3	5,290	5,336	5,382	5,429	5,476	5,522	5,570	5,617	5,664	5,712
2,4	5,760	5,808	5,856	5,905	5,954	6,002	6,052	6,101	6,150	6,200
2,5	6,250	6,300	6,350	6,401	6,452	6,502	6,554	6,605	6,656	6,708
2,6	6,760	6,812	6,864	6,917	6,970	7,022	7,076	7,129	7,182	7,236
2,7	7,290	7,344	7,398	7,453	7,508	7,562	7,618	7,673	7,728	7,784
2,8	7,840	7,896	7,952	8,009	8,066	8,122	8,180	8,237	8,294	8,352
2,9	8,410	8,468	8,526	8,585	8,644	8,702	8,762	8,821	8,880	8,940
3,0	9,000	9,060	9,120	9,181	9,242	9,302	9,364	9,425	9,486	9,548
3,1	9,610	9,672	9,734	9,797	9,860	9,922	9,986‖	10,05	10,11	10,18
3,2	10,24	10,30	10,37	10,43	10,50	10,56	10,63	10,69	10,76	10,82
3,3	10,89	10,96	11,02	11,09	11,16	11,22	11,29	11,36	11,42	11,49
3,4	11,56	11,63	11,70	11,76	11,83	11,90	11,97	12,04	12,11	12,18
3,5	12,25	12,32	12,39	12,46	12,53	12,60	12,67	12,74	12,82	12,89
3,6	12,96	13,03	13,10	13,18	13,25	13,32	13,40	13,47	13,54	13,62
3,7	13,69	13,76	13,84	13,91	13,99	14,06	14,14	14,21	14,29	14,36
3,8	14,44	14,52	14,59	14,67	14,75	14,82	14,90	14,98	15,05	15,13
3,9	15,21	15,29	15,37	15,44	15,52	15,60	15,68	15,76	15,84	15,92
4,0	16,00	16,08	16,16	16,24	16,32	16,40	16,48	16,56	16,65	16,73
4,1	16,81	16,89	16,97	17,06	17,14	17,22	17,31	17,39	17,47	17,56
4,2	17,64	17,72	17,81	17,89	17,98	18,06	18,15	18,23	18,32	18,40
4,3	18,49	18,58	18,66	18,75	18,84	18,92	19,01	19,10	19,18	19,27
4,4	19,36	19,45	19,54	19,62	19,71	19,80	19,89	19,98	20,07	20,16
4,5	20,25	20,34	20,43	20,52	20,61	20,70	20,79	20,88	20,98	21,07
4,6	21,16	21,25	21,34	21,44	21,53	21,62	21,72	21,81	21,90	22,00
4,7	22,09	22,18	22,28	22,37	22,47	22,56	22,66	22,75	22,85	22,94
4,8	23,04	23,14	23,23	23,33	23,43	23,52	23,62	23,72	23,81	23,91
4,9	24,01	24,11	24,21	24,30	24,40	24,50	24,60	24,70	24,80	24,90
5,0	25,00	25,10	25,20	25,30	25,40	25,50	25,60	25,70	25,81	25,91
5,1	26,01	26,11	26,21	26,32	26,42	26,52	26,63	26,73	26,83	26,94
5,2	27,04	27,14	27,25	27,35	27,46	27,56	27,67	27,77	27,88	27,98
5,3	28,09	28,20	28,30	28,41	28,52	28,62	28,73	28,84	28,94	29,05
5,4	29,16	29,27	29,38	29,48	29,59	29,70	29,81	29,92	30,03	30,14

Rückt das Komma in x eine Stelle nach rechts (links), so rückt es in x^2 zwei Stellen nach rechts (links).

$y = x^2$ (5,50 ... 9,99)

x	0	1	2	3	4	5	6	7	8	9
5,5	30,25	30,36	30,47	30,58	30,69	30,80	30,91	31,02	31,14	31,25
5,6	31,36	31,47	31,58	31,70	31,81	31,92	32,04	32,15	32,26	32,38
5,7	32,49	32,60	32,72	32,83	32,95	33,06	33,18	33,29	33,41	33,52
5,8	33,64	33,76	33,87	33,99	34,11	34,22	34,34	34,46	34,57	34,69
5,9	34,81	34,93	35,05	35,16	35,28	35,40	35,52	35,64	35,76	35,88
6,0	36,00	36,12	36,24	36,36	36,48	36,60	36,72	36,84	36,97	37,09
6,1	37,21	37,33	37,45	37,58	37,70	37,82	37,95	38,07	38,19	38,32
6,2	38,44	38,56	38,69	38,81	38,94	39,06	39,19	39,31	39,44	39,56
6,3	39,69	39,82	39,94	40,07	40,20	40,32	40,45	40,58	40,70	40,83
6,4	40,96	41,09	41,22	41,34	41,47	41,60	41,73	41,86	41,99	42,12
6,5	42,25	42,38	42,51	42,64	42,77	42,90	43,03	43,16	43,30	43,43
6,6	43,56	43,69	43,82	43,96	44,09	44,22	44,36	44,49	44,62	44,76
6,7	44,89	45,02	45,16	45,29	45,43	45,56	45,70	45,83	45,97	46,10
6,8	46,24	46,38	46,51	46,65	46,79	46,92	47,06	47,20	47,33	47,47
6,9	47,61	47,75	47,89	48,02	48,16	48,30	48,44	48,58	48,72	48,86
7,0	49,00	49,14	49,28	49,42	49,56	49,70	49,84	49,98	50,13	50,27
7,1	50,41	50,55	50,69	50,84	50,98	51,12	51,27	51,41	51,55	51,70
7,2	51,84	51,98	52,13	52,27	52,42	52,56	52,71	52,85	53,00	53,14
7,3	53,29	53,44	53,58	53,73	53,88	54,02	54,17	54,32	54,46	54,61
7,4	54,76	54,91	55,06	55,20	55,35	55,50	55,65	55,80	55,95	56,10
7,5	56,25	56,40	56,55	56,70	56,85	57,00	57,15	57,30	57,46	57,61
7,6	57,76	57,91	58,06	58,22	58,37	58,52	58,68	58,83	58,98	59,14
7,7	59,29	59,44	59,60	59,75	59,91	60,06	60,22	60,37	60,53	60,68
7,8	60,84	61,00	61,15	61,31	61,47	61,62	61,78	61,94	62,09	62,25
7,9	62,41	62,57	62,73	62,88	63,04	63,20	63,36	63,52	63,68	63,84
8,0	64,00	64,16	64,32	64,48	64,64	64,80	64,96	65,12	65,29	65,45
8,1	65,61	65,77	65,93	66,10	66,26	66,42	66,59	66,75	66,91	67,08
8,2	67,24	67,40	67,57	67,73	67,90	68,06	68,23	68,39	68,56	68,72
8,3	68,89	69,06	69,22	69,39	69,56	69,72	69,89	70,06	70,22	70,39
8,4	70,56	70,73	70,90	71,06	71,23	71,40	71,57	71,74	71,91	72,08
8,5	72,25	72,42	72,59	72,76	72,93	73,10	73,27	73,44	73,62	73,79
8,6	73,96	74,13	74,30	74,48	74,65	74,82	75,00	75,17	75,34	75,52
8,7	75,69	75,86	76,04	76,21	76,39	76,56	76,74	76,91	77,09	77,26
8,8	77,44	77,62	77,79	77,97	78,15	78,32	78,50	78,68	78,85	79,03
8,9	79,21	79,39	79,57	79,74	79,92	80,10	80,28	80,46	80,64	80,82
9,0	81,00	81,18	81,36	81,54	81,72	81,90	82,08	82,26	82,45	82,63
9,1	82,81	82,99	83,17	83,36	83,54	83,72	83,91	84,09	84,27	84,46
9,2	84,64	84,82	85,01	85,19	85,38	85,56	85,75	85,93	86,12	86,30
9,3	86,49	86,68	86,86	87,05	87,24	87,42	87,61	87,80	87,98	88,17
9,4	88,36	88,55	88,74	88,92	89,11	89,30	89,49	89,68	89,87	90,06
9,5	90,25	90,44	90,63	90,82	91,01	91,20	91,39	91,58	91,78	91,97
9,6	92,16	92,35	92,54	92,74	92,93	93,12	93,32	93,51	93,70	93,90
9,7	94,09	94,28	94,48	94,67	94,87	95,06	95,26	95,45	95,65	95,84
9,8	96,04	96,24	96,43	96,63	96,83	97,02	97,22	97,42	97,61	97,81
9,9	98,01	98,21	98,41	98,60	98,80	99,00	99,20	99,40	99,60	99,80

$8{,}47^2 = 71{,}74$ $\sqrt{21{,}44} = 4{,}63$ $\sqrt{2{,}144} \approx \sqrt{2{,}132} = 1{,}46$

$84{,}7^2 = 7174$ $\sqrt{2144} = 46{,}3$ $\sqrt{214{,}4} \approx \sqrt{213{,}2} = 14{,}6$

$0{,}847^2 = 0{,}7174$ $\sqrt{0{,}2144} = 0{,}463$

$8{,}472^2 \approx 71{,}74$

$y = x^3$ (1,00 … 5,49)

x	0	1	2	3	4	5	6	7	8	9
1,0	1,000	1,030	1,061	1,093	1,125	1,158	1,191	1,225	1,260	1,295
1,1	1,331	1,368	1,405	1,443	1,482	1,521	1,561	1,602	1,643	1,685
1,2	1,728	1,772	1,816	1,861	1,907	1,953	2,000	2,048	2,097	2,147
1,3	2,197	2,248	2,300	2,353	2,406	2,460	2,515	2,571	2,628	2,686
1,4	2,744	2,803	2,863	2,924	2,986	3,049	3,112	3,177	3,242	3,308
1,5	3,375	3,443	3,512	3,582	3,652	3,724	3,796	3,870	3,944	4,020
1,6	4,096	4,173	4,252	4,331	4,411	4,492	4,574	4,657	4,742	4,827
1,7	4,913	5,000	5,088	5,178	5,268	5,359	5,452	5,545	5,640	5,735
1,8	5,832	5,930	6,029	6,128	6,230	6,332	6,435	6,539	6,645	6,751
1,9	6,859	6,968	7,078	7,189	7,301	7,415	7,530	7,645	7,762	7,881
2,0	8,000	8,121	8,242	8,365	8,490	8,615	8,742	8,870	8,999	9,129
2,1	9,261	9,394	9,528	9,664	9,800	9,938‖	10,08	10,22	10,36	10,50
2,2	10,65	10,79	10,94	11,09	11,24	11,39	11,54	11,70	11,85	12,01
2,3	12,17	12,33	12,49	12,65	12,81	12,98	13,14	13,31	13,48	13,65
2,4	13,82	14,00	14,17	14,35	14,53	14,71	14,89	15,07	15,25	15,44
2,5	15,63	15,81	16,00	16,19	16,39	16,58	16,78	16,97	17,17	17,37
2,6	17,58	17,78	17,98	18,19	18,40	18,61	18,82	19,03	19,25	19,47
2,7	19,68	19,90	20,12	20,35	20,57	20,80	21,02	21,25	21,48	21,72
2,8	21,95	22,19	22,43	22,67	22,91	23,15	23,39	23,64	23,89	24,14
2,9	24,39	24,64	24,90	25,15	25,41	25,67	25,93	26,20	26,46	26,73
3,0	27,00	27,27	27,54	27,82	28,09	28,37	28,65	28,93	29,22	29,50
3,1	29,79	30,08	30,37	30,66	30,96	31,26	31,55	31,86	32,16	32,46
3,2	32,77	33,08	33,39	33,70	34,01	34,33	34,65	34,97	35,29	35,61
3,3	35,94	36,26	36,59	36,93	37,26	37,60	37,93	38,27	38,61	38,96
3,4	39,30	39,65	40,00	40,35	40,71	41,06	41,42	41,78	42,14	42,51
3,5	42,88	43,24	43,61	43,99	44,36	44,74	45,12	45,50	45,88	46,27
3,6	46,66	47,05	47,44	47,83	48,23	48,63	49,03	49,43	49,84	50,24
3,7	50,65	51,06	51,48	51,90	52,31	52,73	53,16	53,58	54,01	54,44
3,8	54,87	55,31	55,74	56,18	56,62	57,07	57,51	57,96	58,41	58,86
3,9	59,32	59,78	60,24	60,70	61,16	61,63	62,10	62,57	63,04	63,52
4,0	64,00	64,48	64,96	65,45	65,94	66,43	66,92	67,42	67,92	68,42
4,1	68,92	69,43	69,93	70,44	70,96	71,47	71,99	72,51	73,03	73,56
4,2	74,09	74,62	75,15	75,69	76,23	76,77	77,31	77,85	78,40	78,95
4,3	79,51	80,06	80,62	81,18	81,75	82,31	82,88	83,45	84,03	84,60
4,4	85,18	85,77	86,35	86,94	87,53	88,12	88,72	89,31	89,92	90,52
4,5	91,13	91,73	92,35	92,96	93,58	94,20	94,82	95,44	96,07	96,70
4,6	97,34	97,97	98,61	99,25	99,90‖	100,5	101,2	101,8	102,5	103,2
4,7	103,8	104,5	105,2	105,8	106,5	107,2	107,9	108,5	109,2	109,9
4,8	110,6	111,3	112,0	112,7	113,4	114,1	114,8	115,5	116,2	116,9
4,9	117,6	118,4	119,1	119,8	120,6	121,3	122,0	122,8	123,5	124,3
5,0	125,0	125,8	126,5	127,3	128,0	128,8	129,6	130,3	131,1	131,9
5,1	132,7	133,4	134,2	135,0	135,8	136,6	137,4	138,2	139,0	139,8
5,2	140,6	141,4	142,2	143,1	143,9	144,7	145,5	146,4	147,2	148,0
5,3	148,9	149,7	150,6	151,4	152,3	153,1	154,0	154,9	155,7	156,6
5,4	157,5	158,3	159,2	160,1	161,0	161,9	162,8	163,7	164,6	165,5

Rückt das Komma in x eine Stelle nach rechts (links), so rückt es in x^3 drei Stellen nach rechts (links).

$y = x^3$ **(5,50 … 9,99)**

x	0	1	2	3	4	5	6	7	8	9
5,5	166,4	167,3	168,2	169,1	170,0	171,0	171,9	172,8	173,7	174,7
5,6	175,6	176,6	177,5	178,5	179,4	180,4	181,3	182,3	183,3	184,2
5,7	185,2	186,2	187,1	188,1	189,1	190,1	191,1	192,1	193,1	194,1
5,8	195,1	196,1	197,1	198,2	199,2	200,2	201,2	202,3	203,3	204,3
5,9	205,4	206,4	207,5	208,5	209,6	210,6	211,7	212,8	213,8	214,9
6,0	216,0	217,1	218,2	219,3	220,3	221,4	222,5	223,6	224,8	225,9
6,1	227,0	228,1	229,2	230,3	231,5	232,6	233,7	234,9	236,0	237,2
6,2	238,3	239,5	240,6	241,8	243,0	244,1	245,3	246,5	247,7	248,9
6,3	250,0	251,2	252,4	253,6	254,8	256,0	257,3	258,5	259,7	260,9
6,4	262,1	263,4	264,6	265,8	267,1	268,3	269,6	270,8	272,1	273,4
6,5	274,6	275,9	277,2	278,4	279,7	281,0	282,3	283,6	284,9	286,2
6,6	287,5	288,8	290,1	291,4	292,8	294,1	295,4	296,7	298,1	299,4
6,7	300,8	302,1	303,5	304,8	306,2	307,5	308,9	310,3	311,7	313,0
6,8	314,4	315,8	317,2	318,6	320,0	321,4	322,8	324,2	325,7	327,1
6,9	328,5	329,9	331,4	332,8	334,3	335,7	337,2	338,6	340,1	341,5
7,0	343,0	344,5	345,9	347,4	348,9	350,4	351,9	353,4	354,9	356,4
7,1	357,9	359,4	360,9	362,5	364,0	365,5	367,1	368,6	370,1	371,7
7,2	373,2	374,8	376,4	377,9	379,5	381,1	382,7	384,2	385,8	387,4
7,3	389,0	390,6	392,2	393,8	395,4	397,1	398,7	400,3	401,9	403,6
7,4	405,2	406,9	408,5	410,2	411,8	413,5	415,2	416,8	418,5	420,2
7,5	421,9	423,6	425,3	427,0	428,7	430,4	432,1	433,8	435,5	437,2
7,6	439,0	440,7	442,5	444,2	445,9	447,7	449,5	451,2	453,0	454,8
7,7	456,5	458,3	460,1	461,9	463,7	465,5	467,3	469,1	470,9	472,7
7,8	474,6	476,4	478,2	480,0	481,9	483,7	485,6	487,4	489,3	491,2
7,9	493,0	494,9	496,8	498,7	500,6	502,5	504,4	506,3	508,2	510,1
8,0	512,0	513,9	515,8	517,8	519,7	521,7	523,6	525,6	527,5	529,5
8,1	531,4	533,4	535,4	537,4	539,4	541,3	543,3	545,3	547,3	549,4
8,2	551,4	553,4	555,4	557,4	559,5	561,5	563,6	565,6	567,7	569,7
8,3	571,8	573,9	575,9	578,0	580,1	582,2	584,3	586,4	588,5	590,6
8,4	592,7	594,8	596,9	599,1	601,2	603,4	605,5	607,6	609,8	612,0
8,5	614,1	616,3	618,5	620,7	622,8	625,0	627,2	629,4	631,6	633,8
8,6	636,1	638,3	640,5	642,7	645,0	647,2	649,5	651,7	654,0	656,2
8,7	658,5	660,8	663,1	665,3	667,6	669,9	672,2	674,5	676,8	679,2
8,8	681,5	683,8	686,1	688,5	690,8	693,2	695,5	697,9	700,2	702,6
8,9	705,0	707,3	709,7	712,1	714,5	716,9	719,3	721,7	724,2	726,6
9,0	729,0	731,4	733,9	736,3	738,8	741,2	743,7	746,1	748,6	751,1
9,1	753,6	756,1	758,6	761,0	763,6	766,1	768,6	771,1	773,6	776,2
9,2	778,7	781,2	783,8	786,3	788,9	791,5	794,0	796,6	799,2	801,8
9,3	804,4	807,0	809,6	812,2	814,8	817,4	820,0	822,7	825,3	827,9
9,4	830,6	833,2	835,9	838,6	841,2	843,9	846,6	849,3	852,0	854,7
9,5	857,4	860,1	862,8	865,5	868,3	871,0	873,7	876,5	879,2	882,0
9,6	884,7	887,5	890,3	893,1	895,8	898,6	901,4	904,2	907,0	909,9
9,7	912,7	915,5	918,3	921,2	924,0	926,9	929,7	932,6	935,4	938,3
9,8	941,2	944,1	947,0	949,9	952,8	955,7	958,6	961,5	964,4	967,4
9,9	970,3	973,2	976,2	979,1	982,1	985,1	988,0	991,0	994,0	997,0

$8{,}47^3 = 607{,}6$ $\sqrt[3]{123{,}5} = 4{,}98$ $\sqrt[3]{1{,}235} \approx \sqrt[3]{1{,}225} = 1{,}07$

$84{,}7^3 = 607\,600$ $\sqrt[3]{123\,500} = 49{,}8$ $\sqrt[3]{12{,}35} \approx \sqrt[3]{12{,}33} = 2{,}31$

$0{,}847^3 = 0{,}6076$ $\sqrt[3]{0{,}1235} = 0{,}498$

$u = \pi d$ (Kreisumfang) (1,00 … 5,49)

(d ist in dieser Tabelle eine Variable für den Zahlenwert des Durchmessers eines Kreises.)

d	0	1	2	3	4	5	6	7	8	9
1,0	3,142	3,173	3,204	3,236	3,267	3,299	3,330	3,362	3,393	3,424
1,1	3,456	3,487	3,519	3,550	3,581	3,613	3,644	3,676	3,707	3,738
1,2	3,770	3,801	3,833	3,864	3,896	3,927	3,958	3,990	4,021	4,053
1,3	4,084	4,115	4,147	4,178	4,210	4,241	4,273	4,304	4,335	4,367
1,4	4,398	4,430	4,461	4,492	4,524	4,555	4,587	4,618	4,650	4,681
1,5	4,712	4,744	4,775	4,807	4,838	4,869	4,901	4,932	4,964	4,995
1,6	5,027	5,058	5,089	5,121	5,152	5,184	5,215	5,246	5,278	5,309
1,7	5,341	5,372	5,404	5,435	5,466	5,498	5,529	5,561	5,592	5,624
1,8	5,655	5,686	5,718	5,749	5,781	5,812	5,843	5,875	5,906	5,938
1,9	5,969	6,000	6,032	6,063	6,095	6,126	6,158	6,189	6,220	6,252
2,0	6,283	6,315	6,346	6,377	6,409	6,440	6,472	6,503	6,535	6,566
2,1	6,597	6,629	6,660	6,692	6,723	6,754	6,786	6,817	6,849	6,880
2,2	6,912	6,943	6,974	7,006	7,037	7,069	7,100	7,131	7,163	7,194
2,3	7,226	7,257	7,288	7,320	7,351	7,383	7,414	7,446	7,477	7,508
2,4	7,540	7,571	7,603	7,634	7,665	7,697	7,728	7,760	7,791	7,823
2,5	7,854	7,885	7,917	7,948	7,980	8,011	8,042	8,074	8,105	8,137
2,6	8,168	8,200	8,231	8,262	8,294	8,325	8,357	8,388	8,419	8,451
2,7	8,482	8,514	8,545	8,577	8,608	8,639	8,671	8,702	8,734	8,765
2,8	8,796	8,828	8,859	8,891	8,922	8,954	8,985	9,016	9,048	9,079
2,9	9,111	9,142	9,173	9,205	9,236	9,268	9,299	9,331	9,362	9,393
3,0	9,425	9,456	9,488	9,519	9,550	9,582	9,613	9,645	9,676	9,708
3,1	9,739	9,770	9,802	9,833	9,865	9,896	9,927	9,959	9,990	10,02
3,2	10,05	10,09	10,12	10,15	10,18	10,21	10,24	10,27	10,30	10,34
3,3	10,37	10,40	10,43	10,46	10,49	10,52	10,56	10,59	10,62	10,65
3,4	10,68	10,71	10,74	10,78	10,81	10,84	10,87	10,90	10,93	10,96
3,5	11,00	11,03	11,06	11,09	11,12	11,15	11,18	11,22	11,25	11,28
3,6	11,31	11,34	11,37	11,40	11,44	11,47	11,50	11,53	11,56	11,59
3,7	11,62	11,66	11,69	11,72	11,75	11,78	11,81	11,84	11,88	11,91
3,8	11,94	11,97	12,00	12,03	12,06	12,10	12,13	12,16	12,19	12,22
3,9	12,25	12,28	12,32	12,35	12,38	12,41	12,44	12,47	12,50	12,53
4,0	12,57	12,60	12,63	12,66	12,69	12,72	12,75	12,79	12,82	12,85
4,1	12,88	12,91	12,94	12,97	13,01	13,04	13,07	13,10	13,13	13,16
4,2	13,19	13,23	13,26	13,29	13,32	13,35	13,38	13,41	13,45	13,48
4,3	13,51	13,54	13,57	13,60	13,63	13,67	13,70	13,73	13,76	13,79
4,4	13,82	13,85	13,89	13,92	13,95	13,98	14,01	14,04	14,07	14,11
4,5	14,14	14,17	14,20	14,23	14,26	14,29	14,33	14,36	14,39	14,42
4,6	14,45	14,48	14,51	14,55	14,58	14,61	14,64	14,67	14,70	14,73
4,7	14,77	14,80	14,83	14,86	14,89	14,92	14,95	14,99	15,02	15,05
4,8	15,08	15,11	15,14	15,17	15,21	15,24	15,27	15,30	15,33	15,36
4,9	15,39	15,43	15,46	15,49	15,52	15,55	15,58	15,61	15,65	15,68
5,0	15,71	15,74	15,77	15,80	15,83	15,87	15,90	15,93	15,96	15,99
5,1	16,02	16,05	16,08	16,12	16,15	16,18	16,21	16,24	16,27	16,30
5,2	16,34	16,37	16,40	16,43	16,46	16,49	16,52	16,56	16,59	16,62
5,3	16,65	16,68	16,71	16,74	16,78	16,81	16,84	16,87	16,90	16,93
5,4	16,96	17,00	17,03	17,06	17,09	17,12	17,15	17,18	17,22	17,25

Rückt das Komma in d eine Stelle nach rechts (links), so rückt es in πd ebenfalls eine Stelle nach rechts (links).

$u = \pi d$ (Kreisumfang) (5,50 ... 9,99)

(d ist in dieser Tabelle eine Variable für den Zahlenwert des Durchmessers eines Kreises.)

d	0	1	2	3	4	5	6	7	8	9
5,5	17,28	17,31	17,34	17,37	17,40	17,44	17,47	17,50	17,53	17,56
5,6	17,59	17,62	17,66	17,69	17,72	17,75	17,78	17,81	17,84	17,88
5,7	17,91	17,94	17,97	18,00	18,03	18,06	18,10	18,13	18,16	18,19
5,8	18,22	18,25	18,28	18,32	18,35	18,38	18,41	18,44	18,47	18,50
5,9	18,54	18,57	18,60	18,63	18,66	18,69	18,72	18,76	18,79	18,82
6,0	18,85	18,88	18,91	18,94	18,98	19,01	19,04	19,07	19,10	19,13
6,1	19,16	19,20	19,23	19,26	19,29	19,32	19,35	19,38	19,42	19,45
6,2	19,48	19,51	19,54	19,57	19,60	19,63	19,67	19,70	19,73	19,76
6,3	19,79	19,82	19,85	19,89	19,92	19,95	19,98	20,01	20,04	20,07
6,4	20,11	20,14	20,17	20,20	20,23	20,26	20,29	20,33	20,36	20,39
6,5	20,42	20,45	20,48	20,51	20,55	20,58	20,61	20,64	20,67	20,70
6,6	20,74	20,77	20,80	20,83	20,86	20,89	20,92	20,95	20,99	21,02
6,7	21,05	21,08	21,11	21,14	21,17	21,21	21,24	21,27	21,30	21,33
6,8	21,36	21,39	21,43	21,46	21,49	21,52	21,55	21,58	21,61	21,65
6,9	21,68	21,71	21,74	21,77	21,80	21,83	21,87	21,90	21,93	21,96
7,0	21,99	22,02	22,05	22,09	22,12	22,15	22,18	22,21	22,24	22,27
7,1	22,31	22,34	22,37	22,40	22,43	22,46	22,49	22,53	22,56	22,59
7,2	22,62	22,65	22,68	22,71	22,75	22,78	22,81	22,84	22,87	22,90
7,3	22,93	22,97	23,00	23,03	23,06	23,09	23,12	23,15	23,18	23,22
7,4	23,25	23,28	23,31	23,34	23,37	23,40	23,44	23,47	23,50	23,53
7,5	23,56	23,59	23,62	23,66	23,69	23,72	23,75	23,78	23,81	23,84
7,6	23,88	23,91	23,94	23,97	24,00	24,03	24,06	24,10	24,13	24,16
7,7	24,19	24,22	24,25	24,28	24,32	24,35	24,38	24,41	24,44	24,47
7,8	24,50	24,54	24,57	24,60	24,63	24,66	24,69	24,72	24,76	24,79
7,9	24,82	24,85	24,88	24,91	24,94	24,98	25,01	25,04	25,07	25,10
8,0	25,13	25,16	25,20	25,23	25,26	25,29	25,32	25,35	25,38	25,42
8,1	25,45	25,48	25,51	25,54	25,57	25,60	25,64	25,67	25,70	25,73
8,2	25,76	25,79	25,82	25,86	25,89	25,92	25,95	25,98	26,01	26,04
8,3	26,08	26,11	26,14	26,17	26,20	26,23	26,26	26,30	26,33	26,36
8,4	26,39	26,42	26,45	26,48	26,52	26,55	26,58	26,61	26,64	26,67
8,5	26,70	26,73	26,77	26,80	26,83	26,86	26,89	26,92	26,95	26,99
8,6	27,02	27,05	27,08	27,11	27,14	27,17	27,21	27,24	27,27	27,30
8,7	27,33	27,36	27,39	27,43	27,46	27,49	27,52	27,55	27,58	27,61
8,8	27,65	27,68	27,71	27,74	27,77	27,80	27,83	27,87	27,90	27,93
8,9	27,96	27,99	28,02	28,05	28,09	28,12	28,15	28,18	28,21	28,24
9,0	28,27	28,31	28,34	28,37	28,40	28,43	28,46	28,49	28,53	28,56
9,1	28,59	28,62	28,65	28,68	28,71	28,75	28,78	28,81	28,84	28,87
9,2	28,90	28,93	28,97	29,00	29,03	29,06	29,09	29,12	29,15	29,19
9,3	29,22	29,25	29,28	29,31	29,34	29,37	29,41	29,44	29,47	29,50
9,4	29,53	29,56	29,59	29,63	29,66	29,69	29,72	29,75	29,78	29,81
9,5	29,85	29,88	29,91	29,94	29,97	30,00	30,03	30,07	30,10	30,13
9,6	30,16	30,19	30,22	30,25	30,28	30,32	30,35	30,38	30,41	30,44
9,7	30,47	30,50	30,54	30,57	30,60	30,63	30,66	30,69	30,72	30,76
9,8	30,79	30,82	30,85	30,88	30,91	30,94	30,98	31,01	31,04	31,07
9,9	31,10	31,13	31,16	31,20	31,23	31,26	31,29	31,32	31,35	31,39

$d = 2{,}23$, $\pi d = 7{,}006$ | $d = 22{,}3$, $\pi d = 70{,}06$ | $d = 0{,}223$, $\pi d = 0{,}7006$ | $\pi d = 16{,}28 \approx 16{,}27$, $d = 5{,}18$ | $\pi d = 16{,}29 \approx 16{,}30$, $d = 5{,}19$

$A = \frac{\pi}{4}d^2$ (Kreisflächeninhalt) (1,00 ... 5,49)

(*d* ist in dieser Tabelle eine Variable für den Zahlenwert des Durchmessers eines Kreises.)

d	0	1	2	3	4	5	6	7	8	9
1,0	0,7854	0,8012	0,8171	0,8332	0,8495	0,8659	0,8825	0,8992	0,9161	0,9331
1,1	0,9503	0,9677	0,9852	1,003	1,021	1,039	1,057	1,075	1,094	1,112
1,2	1,131	1,150	1,169	1,188	1,208	1,227	1,247	1,267	1,287	1,307
1,3	1,327	1,348	1,368	1,389	1,410	1,431	1,453	1,474	1,496	1,517
1,4	1,539	1,561	1,584	1,606	1,629	1,651	1,674	1,697	1,720	1,744
1,5	1,767	1,791	1,815	1,839	1,863	1,887	1,911	1,936	1,961	1,986
1,6	2,011	2,036	2,061	2,087	2,112	2,138	2,164	2,190	2,217	2,243
1,7	2,270	2,297	2,324	2,351	2,378	2,405	2,433	2,461	2,488	2,516
1,8	2,545	2,573	2,602	2,630	2,659	2,688	2,717	2,746	2,776	2,806
1,9	2,835	2,865	2,895	2,926	2,956	2,986	3,017	3,048	3,079	3,110
2,0	3,142	3,173	3,205	3,237	3,269	3,301	3,333	3,365	3,398	3,431
2,1	3,464	3,497	3,530	3,563	3,597	3,631	3,664	3,698	3,733	3,767
2,2	3,801	3,836	3,871	3,906	3,941	3,976	4,011	4,047	4,083	4,119
2,3	4,155	4,191	4,227	4,264	4,301	4,337	4,374	4,412	4,449	4,486
2,4	4,524	4,562	4,600	4,638	4,676	4,714	4,753	4,792	4,831	4,870
2,5	4,909	4,948	4,988	5,027	5,067	5,107	5,147	5,187	5,228	5,269
2,6	5,309	5,350	5,391	5,433	5,474	5,515	5,557	5,599	5,641	5,683
2,7	5,726	5,768	5,811	5,853	5,896	5,940	5,983	6,026	6,070	6,114
2,8	6,158	6,202	6,246	6,290	6,335	6,379	6,424	6,469	6,514	6,560
2,9	6,605	6,651	6,697	6,743	6,789	6,835	6,881	6,928	6,975	7,022
3,0	7,069	7,116	7,163	7,211	7,258	7,306	7,354	7,402	7,451	7,499
3,1	7,548	7,596	7,645	7,694	7,744	7,793	7,843	7,892	7,942	7,992
3,2	8,042	8,093	8,143	8,194	8,245	8,296	8,347	8,398	8,450	8,501
3,3	8,553	8,605	8,657	8,709	8,762	8,814	8,867	8,920	8,973	9,026
3,4	9,079	9,133	9,186	9,240	9,294	9,348	9,402	9,457	9,511	9,566
3,5	9,621	9,676	9,731	9,787	9,842	9,898	9,954	10,01	10,07	10,12
3,6	10,18	10,24	10,29	10,35	10,41	10,46	10,52	10,58	10,64	10,69
3,7	10,75	10,81	10,87	10,93	10,99	11,04	11,10	11,16	11,22	11,28
3,8	11,34	11,40	11,46	11,52	11,58	11,64	11,70	11,76	11,82	11,88
3,9	11,95	12,01	12,07	12,13	12,19	12,25	12,32	12,38	12,44	12,50
4,0	12,57	12,63	12,69	12,76	12,82	12,88	12,95	13,01	13,07	13,14
4,1	13,20	13,27	13,33	13,40	13,46	13,53	13,59	13,66	13,72	13,79
4,2	13,85	13,92	13,99	14,05	14,12	14,19	14,25	14,32	14,39	14,45
4,3	14,52	14,59	14,66	14,73	14,79	14,86	14,93	15,00	15,07	15,14
4,4	15,21	15,27	15,34	15,41	15,48	15,55	15,62	15,69	15,76	15,83
4,5	15,90	15,98	16,05	16,12	16,19	16,26	16,33	16,40	16,47	16,55
4,6	16,62	16,69	16,76	16,84	16,91	16,98	17,06	17,13	17,20	17,28
4,7	17,35	17,42	17,50	17,57	17,65	17,72	17,80	17,87	17,95	18,02
4,8	18,10	18,17	18,25	18,32	18,40	18,47	18,55	18,63	18,70	18,78
4,9	18,86	18,93	19,01	19,09	19,17	19,24	19,32	19,40	19,48	19,56
5,0	19,63	19,71	19,79	19,87	19,95	20,03	20,11	20,19	20,27	20,35
5,1	20,43	20,51	20,59	20,67	20,75	20,83	20,91	20,99	21,07	21,16
5,2	21,24	21,32	21,40	21,48	21,57	21,65	21,73	21,81	21,90	21,98
5,3	22,06	22,15	22,23	22,31	22,40	22,48	22,56	22,65	22,73	22,82
5,4	22,90	22,99	23,07	23,16	23,24	23,33	23,41	23,50	23,59	23,67

Rückt das Komma in *d* um eine Stelle nach rechts (links), so rückt es in $\frac{\pi}{4}d^2$ um zwei Stellen nach rechts (links).

$A = \frac{\pi}{4}d^2$ (Kreisflächeninhalt) (5,50 ... 9,99)

(d ist in dieser Tabelle eine Variable für den Zahlenwert des Durchmessers eines Kreises.)

d	0	1	2	3	4	5	6	7	8	9
5,5	23,76	23,84	23,93	24,02	24,11	24,19	24,28	24,37	24,45	24,54
5,6	24,63	24,72	24,81	24,89	24,98	25,07	25,16	25,25	25,34	25,43
5,7	25,52	25,61	25,70	25,79	25,88	25,97	26,06	26,15	26,24	26,33
5,8	26,42	26,51	26,60	26,69	26,79	26,88	26,97	27,06	27,15	27,25
5,9	27,34	27,43	27,53	27,62	27,71	27,81	27,90	27,99	28,09	28,18
6,0	28,27	28,37	28,46	28,56	28,65	28,75	28,84	28,94	29,03	29,13
6,1	29,22	29,32	29,42	29,51	29,61	29,71	29,80	29,90	30,00	30,09
6,2	30,19	30,29	30,39	30,48	30,58	30,68	30,78	30,88	30,97	31,07
6,3	31,17	31,27	31,37	31,47	31,57	31,67	31,77	31,87	31,97	32,07
6,4	32,17	32,27	32,37	32,47	32,57	32,67	32,78	32,88	32,98	33,08
6,5	33,18	33,29	33,39	33,49	33,59	33,70	33,80	33,90	34,00	34,11
6,6	34,21	34,32	34,42	34,52	34,63	34,73	34,84	34,94	35,05	35,15
6,7	35,26	35,36	35,47	35,57	35,68	35,78	35,89	36,00	36,10	36,21
6,8	36,32	36,42	36,53	36,64	36,75	36,85	36,96	37,07	37,18	37,28
6,9	37,39	37,50	37,61	37,72	37,83	37,94	38,05	38,16	38,26	38,37
7,0	38,48	38,59	38,70	38,82	38,93	39,04	39,15	39,26	39,37	39,48
7,1	39,59	39,70	39,82	39,93	40,04	40,15	40,26	40,38	40,49	40,60
7,2	40,72	40,83	40,94	41,06	41,17	41,28	41,40	41,51	41,62	41,74
7,3	41,85	41,97	42,08	42,20	42,31	42,43	42,54	42,66	42,78	42,89
7,4	43,01	43,12	43,24	43,36	43,47	43,59	43,71	43,83	43,94	44,06
7,5	44,18	44,30	44,41	44,53	44,65	44,77	44,89	45,01	45,13	45,25
7,6	45,36	45,48	45,60	45,72	45,84	45,96	46,08	46,20	46,32	46,45
7,7	46,57	46,69	46,81	46,93	47,05	47,17	47,29	47,42	47,54	47,66
7,8	47,78	47,91	48,03	48,15	48,27	48,40	48,52	48,65	48,77	48,89
7,9	49,02	49,14	49,27	49,39	49,51	49,64	49,76	49,89	50,01	50,14
8,0	50,27	50,39	50,52	50,64	50,77	50,90	51,02	51,15	51,28	51,40
8,1	51,53	51,66	51,78	51,91	52,04	52,17	52,30	52,42	52,55	52,68
8,2	52,81	52,94	53,07	53,20	53,33	53,46	53,59	53,72	53,85	53,98
8,3	54,11	54,24	54,37	54,50	54,63	54,76	54,89	55,02	55,15	55,29
8,4	55,42	55,55	55,68	55,81	55,95	56,08	56,21	56,35	56,48	56,61
8,5	56,75	56,88	57,01	57,15	57,28	57,41	57,55	57,68	57,82	57,95
8,6	58,09	58,22	58,36	58,49	58,63	58,77	58,90	59,04	59,17	59,31
8,7	59,45	59,58	59,72	59,86	59,99	60,13	60,27	60,41	60,55	60,68
8,8	60,82	60,96	61,10	61,24	61,38	61,51	61,65	61,79	61,93	62,07
8,9	62,21	62,35	62,49	62,63	62,77	62,91	63,05	63,19	63,33	63,48
9,0	63,62	63,76	63,90	64,04	64,18	64,33	64,47	64,61	64,75	64,90
9,1	65,04	65,18	65,33	65,47	65,61	65,76	65,90	66,04	66,19	66,33
9,2	66,48	66,62	66,77	66,91	67,06	67,20	67,35	67,49	67,64	67,78
9,3	67,93	68,08	68,22	68,37	68,51	68,66	68,81	68,96	69,10	69,25
9,4	69,40	69,55	69,69	69,84	69,99	70,14	70,29	70,44	70,58	70,73
9,5	70,88	71,03	71,18	71,33	71,48	71,63	71,78	71,93	72,08	72,23
9,6	72,38	72,53	72,68	72,84	72,99	73,14	73,29	73,44	73,59	73,75
9,7	73,90	74,05	74,20	74,36	74,51	74,66	74,82	74,97	75,12	75,28
9,8	75,43	75,58	75,74	75,89	76,05	76,20	76,36	76,51	76,67	76,82
9,9	76,98	77,13	77,29	77,44	77,60	77,76	77,91	78,07	78,23	78,38

$d = 3{,}32$ $\quad \frac{\pi}{4}d^2 = 8{,}657$

$d = 33{,}2$ $\quad \frac{\pi}{4}d^2 = 865{,}7$

$\frac{\pi}{4}d^2 = 39{,}82$ $\quad d = 7{,}12$

$\frac{\pi}{4}d^2 = 37{,}64$ $\quad d = 6{,}92$

Griechisches Alphabet

Buchstabe	Name, Aussprache	Buchstabe	Name, Aussprache	Buchstabe	Name, Aussprache
A α	Alpha	I ι	Jota	P ϱ	Rho
B β	Beta	K $\varkappa$	Kappa	Σ σ ς	Sigma
Γ γ	Gamma	Λ λ	Lambda	T τ	Tau
Δ δ	Delta	M μ	My	Y υ	Ypsilon
E ε	Epsilon	N ν	Ny	Φ ϕ	Phi
Z ζ	Zeta	Ξ ξ	Xi	X χ	Chi
H η	Eta	O o	Omikron	Ψ ψ	Psi
Θ ϑ	Theta	Π π	Pi	Ω ω	Omega

Römische Zahlzeichen

I 1	V 5	X 10	L 50	C 100	D 500	M 1000

I 1	II 2	III 3	IV 4	V 5	VI 6	VII 7	VIII 8	IX 9	X 10
XX 20	XXX 30	XL 40	L 50	LX 60	LXX 70	LXXX 80	XC 90	IC 99	C 100
CC 200	CCC 300	CD 400	D 500	DC 600	DCC 700	DCCC 800	CM 900	XM 990	M 1000

Hinweise zur Zahlendarstellung und auf einige Rechenregeln

Darstellung von Zahlen mit Hilfe von abgetrennten Zehnerpotenzen	Beispiele: $2{,}56 \cdot 10^6 = 2\,560\,000$; $2{,}56 \cdot 10^{-6} = \frac{256}{100} \cdot \frac{1}{1\,000\,000} = 0{,}000\,002\,56$ Man kann sich leicht merken: Beim Übergang von $2{,}56 \cdot 10^6$ zur normalen Schreibweise rückt das Komma um 6 Stellen nach rechts (2,560000), und man erhält: 2560000. Beim Übergang von $2{,}56 \cdot 10^{-6}$ zur normalen Schreibweise rückt das Komma um 6 Stellen nach links (000002,56), und man erhält: 0,00000256.
Prozentrechnung	$\frac{W}{p} = \frac{G}{100}$ (G Grundbetrag, W Prozentwert, p Prozentsatz)
Auflösen von Klammern; Ausmultiplizieren	$a + (b + c) = a + b + c$ $a - (b + c) = a - b - c$ $a + (b - c) = a + b - c$ $a - (b - c) = a - b + c$ $a(b \pm c) = ab \pm ac$ $(a \pm b) : c = \frac{a}{c} \pm \frac{b}{c}$ $(a + b)(c + d) = ac + ad + bc + bd$
Binomische Formeln	$(a \pm b)^2 = a^2 \pm 2ab + b^2$; $(a + b)(a - b) = a^2 - b^2$
Arithmetisches Mittel von n Zahlen	Das arithmetische Mittel der Zahlen a_1 und a_2 beträgt $\frac{a_1 + a_2}{2}$. Das arithmetische Mittel der n Zahlen $a_1, a_2, a_3, \ldots, a_n$ beträgt $\frac{a_1 + a_2 + a_3 + \cdots + a_n}{n}$. Sandra

Ebene Figuren und Körper (*A* Flächeninhalt; *u* Umfang; *V*: Volumen; A_O: Inhalt der Oberfläche)

Dreieck

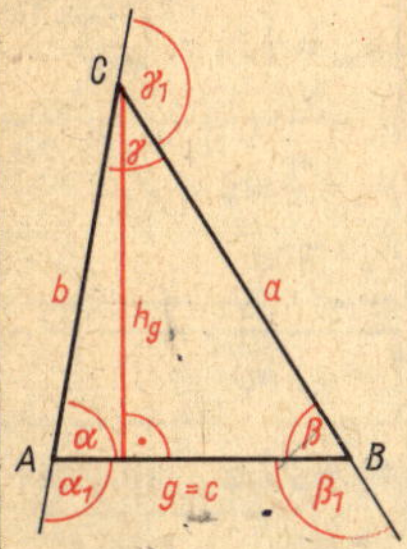

$\alpha + \beta + \gamma = 180°$

Außenwinkel:
$\alpha_1 = \beta + \gamma$
$\alpha_1 + \beta_1 + \gamma_1 = 360°$

$$A = \frac{g \cdot h_g}{2} = \frac{1}{2} ab \cdot \sin \gamma$$

Sinussatz:
$$\frac{a}{\sin \alpha} = \frac{b}{\sin \beta} = \frac{c}{\sin \gamma}$$

Kosinussatz:
$$c^2 = a^2 + b^2 - 2\,ab \cdot \cos \gamma$$

Höhen und zugehörige Seiten:
$$\frac{h_a}{h_b} = \frac{b}{a}$$

Im gleichseitigen Dreieck gilt speziell:
$\alpha = 60°;\ h = \frac{a}{2}\sqrt{3}$

$$A = \frac{a^2}{4}\sqrt{3}$$

Im rechtwinkligen Dreieck ($\triangle ABC$ mit $\gamma = 90°$) gilt speziell:
$\alpha + \beta = 90°$

$$A = \frac{1}{2} ab$$

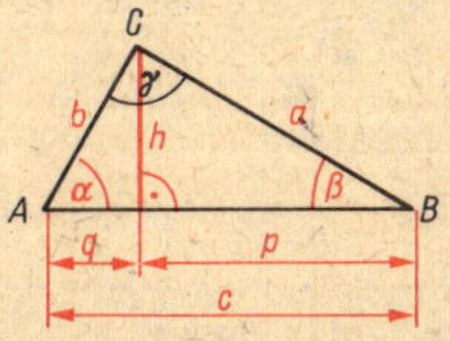

Höhensatz:
$h^2 = pq$

Kathetensatz:
$a^2 = pc;\ b^2 = qc$

Satz des Pythagoras:
$a^2 + b^2 = c^2$

$\sin \alpha = \cos \beta = \frac{a}{c}$;

$\tan \alpha = \frac{a}{b}$

Viereck

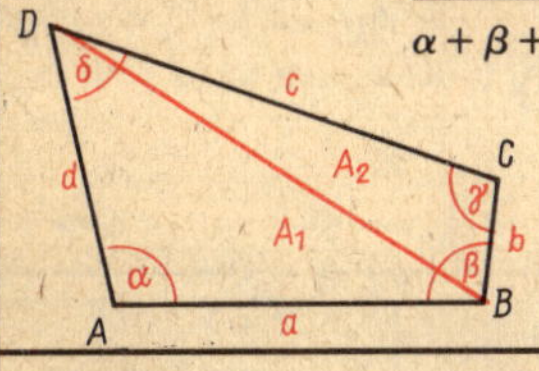

$$A = A_1 + A_2$$

$\alpha + \beta + \gamma + \delta = 360°$

Parallelogramm

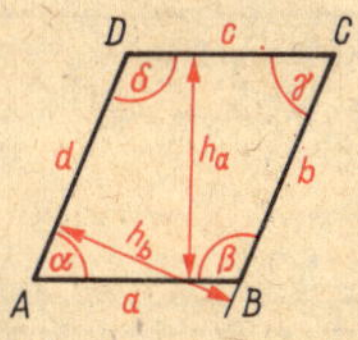

$a \parallel c;\ b \parallel d$
$a = c;\ b = d$

$$A = ah_a = bh_b$$

$\beta = \delta;\ \alpha + \beta = 180°$
$\alpha = \gamma;\ \alpha + \delta = 180°$

Trapez

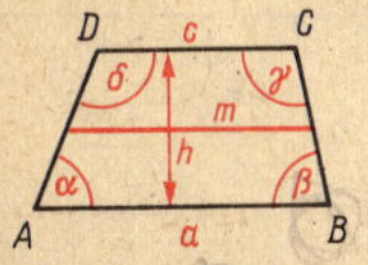

Es gelte: $a \parallel c$

$$A = \frac{a + c}{2} h = mh$$

$\alpha + \delta = 180°$
$\beta + \gamma = 180°$
$m = \frac{a + c}{2}$

Rhombus

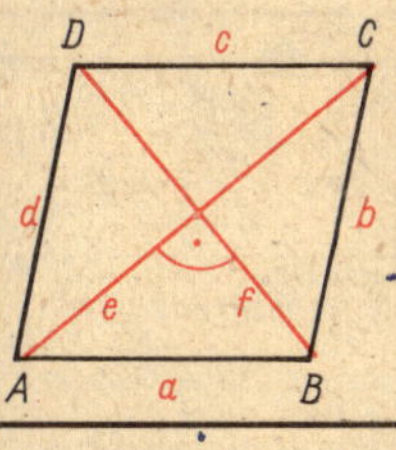

$a \parallel c;\ b \parallel d$
$a = b = c = d$

$$A = \frac{ef}{2}$$

$e \perp f$

Drachenviereck

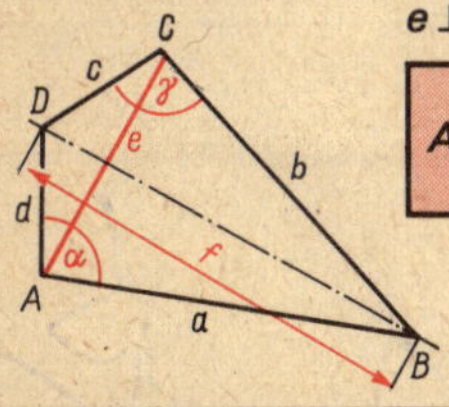

Es gelte: $a = b;\ c = d$
$e \perp f;\ \alpha = \gamma$

$$A = \frac{1}{2} ef$$

Rechteck

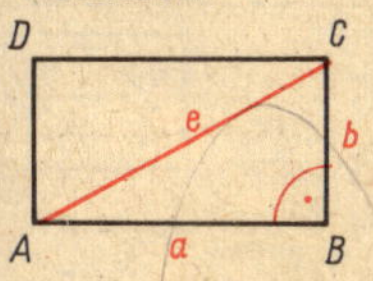

$$A = ab$$

$e = \sqrt{a^2 + b^2}$
$e = f$

Quadrat

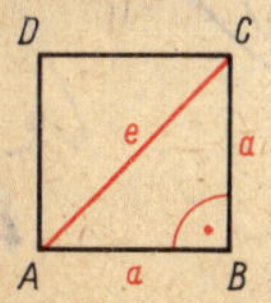

$$A = a^2$$

$e = f$
$e \perp f$
$e = a\sqrt{2}$

Kreis

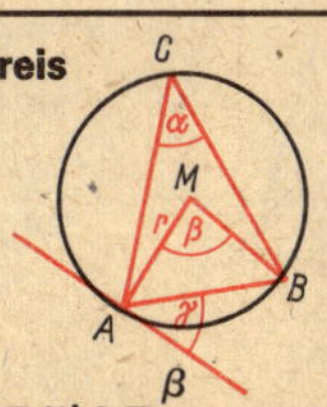

$\alpha = \gamma;\ \alpha = \frac{\beta}{2}$

$$A = \frac{\pi}{4} d^2 = \pi r^2 \approx 0{,}785\, d^2$$

$$u = 2\pi r = \pi d$$

α: Peripheriewinkel
β: Zentriwinkel (über der Sehne $\overline{AB}$)
γ: Sehnentangentenwinkel

Kreisbogen

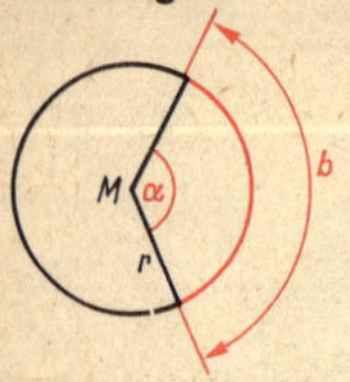

$$\frac{b}{u} = \frac{\alpha}{360°}$$

$$b = \frac{\pi}{180°}\alpha r$$

$$\approx 0{,}0175\,\alpha \cdot r$$

$$b = \operatorname{arc}\alpha \cdot r$$

Kreisausschnitt

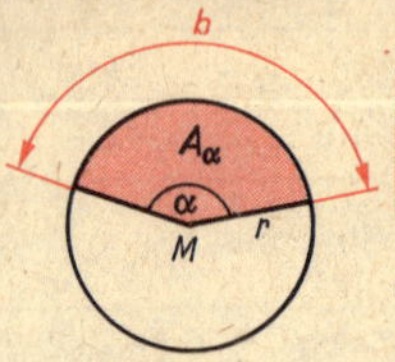

$$\frac{A_\alpha}{A} = \frac{\alpha}{360°}$$

$$A_\alpha = \frac{1}{2} br = \frac{\pi r^2 \alpha}{360°}$$

$$A_\alpha = \frac{1}{2}\operatorname{arc}\alpha \cdot r^2$$

Würfel

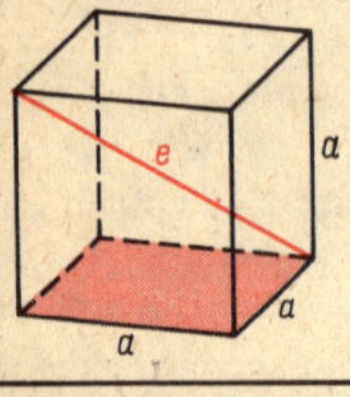

$$V = a^3$$

$$A_O = 6a^2$$

$$e = a\sqrt{3}$$

Quader

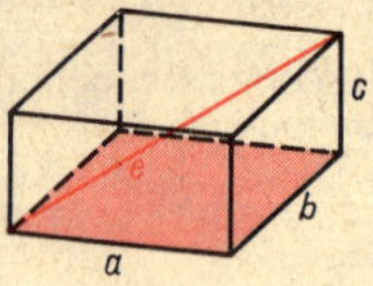

$$V = abc$$

$$A_O = 2(ab + ac + bc)$$

$$e = \sqrt{a^2 + b^2 + c^2}$$

Prisma

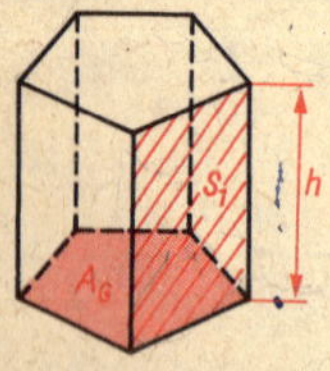

$A_G = A_D$ (↗ Bild)

$$V = A_G h$$

$$A_M = S_1 + S_2 + \cdots + S_n$$

$$A_O = 2A_G + A_M$$

Pyramide

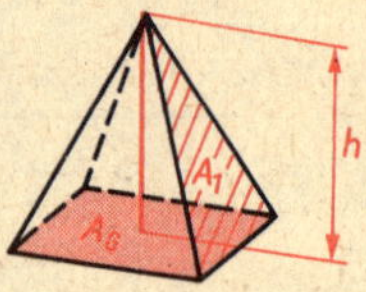

$$V = \frac{A_G h}{3}$$

$$A_M = A_1 + A_2 + \cdots + A_n$$

$$A_O = A_G + A_M$$

Kreiszylinder

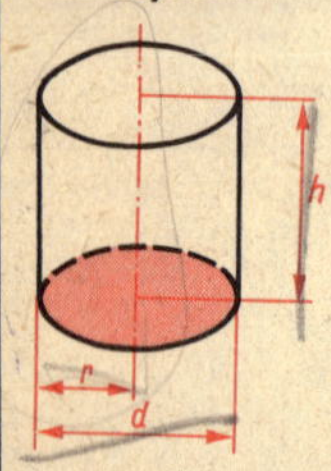

$$V = \pi r^2 h = \frac{\pi d^2}{4} h$$

$$A_O = 2\pi r^2 + 2\pi rh = \frac{\pi d^2}{2} + \pi dh$$

$$A_M = \pi dh = 2\pi rh$$

Kreiskegel

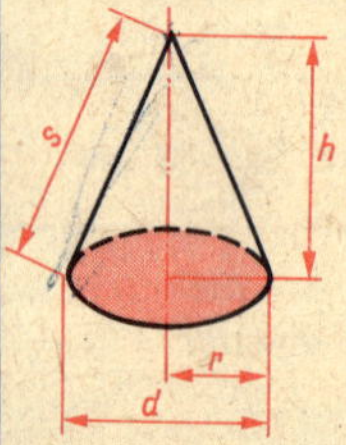

$$V = \frac{\pi r^2 h}{3} = \frac{\pi d^2 h}{12}$$

$$A_O = \pi rs + \pi r^2 = \frac{\pi ds}{2} + \frac{\pi d^2}{4}$$

$$A_M = \frac{\pi}{2} ds = \pi rs;$$

$$s^2 = r^2 + h^2$$

Kreiskegelstumpf

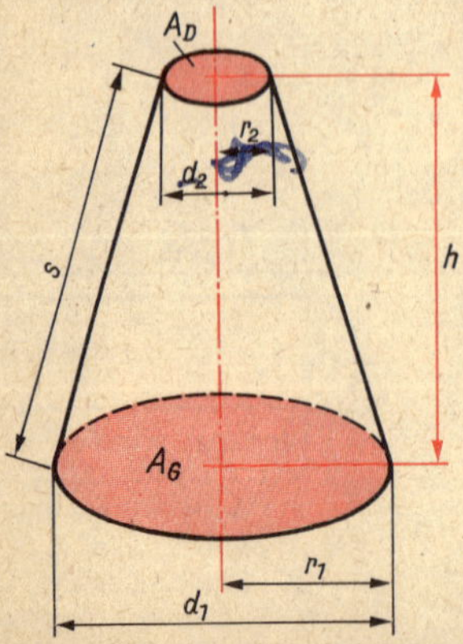

$$V = \frac{\pi}{12} h (d_1^2 + d_2^2 + d_1 d_2) = \frac{\pi}{3} h (r_1^2 + r_2^2 + r_1 r_2)$$

$$A_O = \pi r_1^2 + \pi r_2^2 + \pi s(r_1 + r_2) = \frac{\pi}{4} d_1^2 + \frac{\pi}{4} d_2^2 + \frac{\pi}{2} s(d_1 + d_2)$$

$$A_M = \pi s(r_1 + r_2)$$

$s^2 = (r_1 - r_2)^2 + h^2$, falls $r_1 > r_2$

Pyramidenstumpf

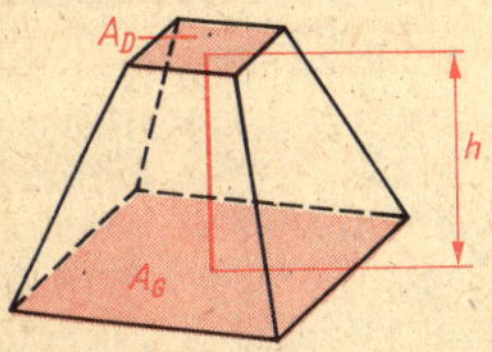

$$V = \frac{1}{3} h \left(A_G + \sqrt{A_G A_D} + A_D\right)$$

$$A_O = A_G + A_D + A_M$$
$$A_M = A_1 + A_2 + \dots + A_n$$

Kugel

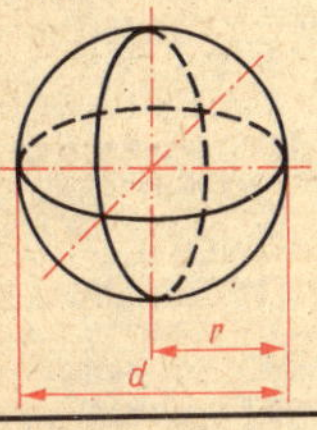

$$V = \frac{4}{3}\pi r^3 = \frac{1}{6}\pi d^3$$

$$A_O = 4\pi r^2 = \pi d^2$$

Strahlensatz; zentrische Streckung

Wird ein Strahlenbüschel von einer Parallelenschar geschnitten, so gilt:

1. Teil: Die Abschnitte auf einem Strahl verhalten sich zueinander wie die gleichliegenden Abschnitte auf einem anderen Strahl.

2. Teil: Je zwei Parallelenabschnitte, die zwischen gleichen Strahlen liegen, verhalten sich zueinander wie die zugehörigen Strahlenabschnitte ein und desselben Strahls.

3. Teil: Die Abschnitte auf einer Parallelen verhalten sich zueinander wie die zugehörigen Abschnitte auf einer anderen Parallelen.

Beispiele

1. Teil

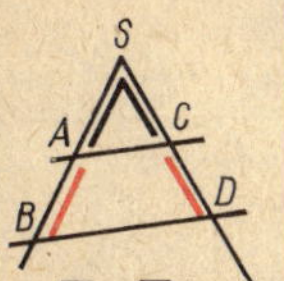

$\frac{\overline{SA}}{\overline{AB}} = \frac{\overline{SC}}{\overline{CD}}$

2. Teil

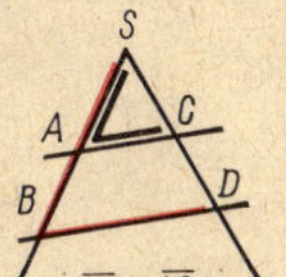

$\frac{\overline{SA}}{\overline{SB}} = \frac{\overline{AC}}{\overline{BD}}$

3. Teil

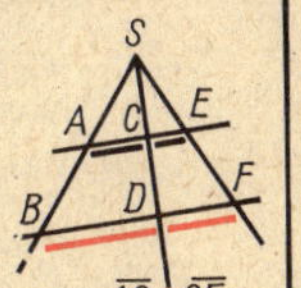

$\frac{\overline{AC}}{\overline{BD}} = \frac{\overline{CE}}{\overline{DF}}$

1. Teil

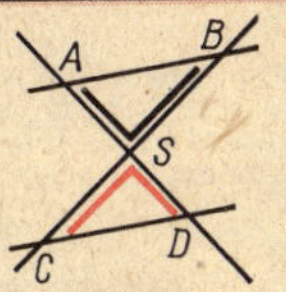

$\frac{\overline{SA}}{\overline{SD}} = \frac{\overline{SB}}{\overline{SC}}$

2. Teil

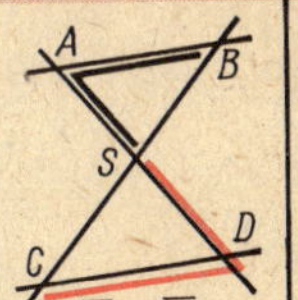

$\frac{\overline{SA}}{\overline{SD}} = \frac{\overline{AB}}{\overline{CD}}$

3. Teil

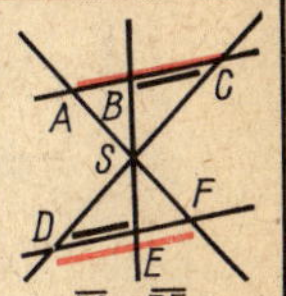

$\frac{\overline{BC}}{\overline{AC}} = \frac{\overline{DE}}{\overline{DF}}$

Die Vielecke *ABCDE* und *A'B'C'D'E'* sind ähnlich. Es gilt:

(1) $\alpha' = \alpha$; $\beta' = \beta$; $\gamma' = \gamma$; $\delta' = \delta$; $\varepsilon' = \varepsilon$ und

(2) $\overline{A'B'} = k \cdot \overline{AB}$; $\overline{B'C'} = k \cdot \overline{BC}$;
$\overline{C'D'} = k \cdot \overline{CD}$; $\overline{D'E'} = k \cdot \overline{DE}$; $\overline{E'A'} = k \cdot \overline{EA}$.

Streckung $\left(Z; \frac{\overline{A'B'}}{\overline{AB}}\right)$ Z: Ähnlichkeitszentrum

$k = \frac{\overline{A'B'}}{\overline{AB}}$ $(k \neq 0)$ k: Ähnlichkeitsfaktor

Die Kongruenz ist ein Spezialfall der Ähnlichkeit mit $k = 1$.
Für den Umfang u' des Vielecks *A'B'C'D'E'* gilt $u' = k \cdot u$.
Für den Flächeninhalt A' des Vielecks *A'B'C'D'E'* gilt $A' = k^2 \cdot A$.

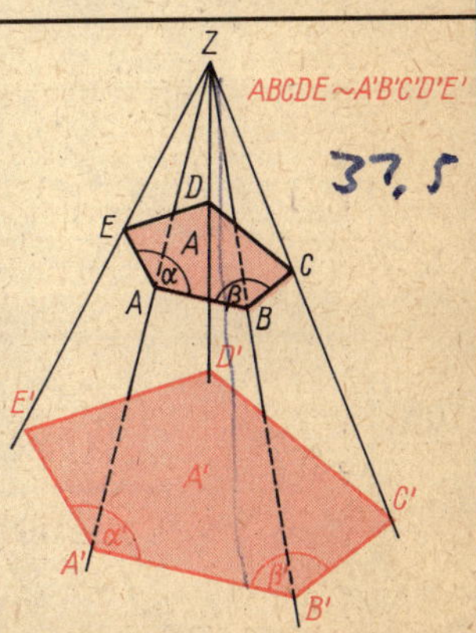

Ähnlichkeitssätze für Dreiecke; Kongruenzsätze

Dreiecke sind kongruent,	Dreiecke sind zueinander ähnlich,
• wenn sie in drei Seiten übereinstimmen (sss), • wenn sie in zwei Seiten und dem eingeschlossenen Winkel übereinstimmen (sws), • wenn sie in einer Seite und den anliegenden Winkeln übereinstimmen (wsw), • wenn sie in zwei Seiten und dem Gegenwinkel der größeren Seite übereinstimmen (ssw).	• wenn sie im Verhältnis der drei Seiten übereinstimmen, • wenn sie im Verhältnis zweier Seiten und dem eingeschlossenen Winkel übereinstimmen, • wenn sie in zwei Winkeln übereinstimmen (Hauptähnlichkeitssatz), • wenn sie im Verhältnis zweier Seiten und dem Gegenwinkel der größeren Seite übereinstimmen.

Die Primzahlen bis 1009

	47	109	193	271	359	443	541	619	719	821	911
2	53	113	197	277	367	449	547	631	727	823	919
3	59	127	199	281	373	457	557	641	733	827	929
5	61	131		283	379	461	563	643	739	829	937
7	67	137	211	293	383	463	569	647	743	839	941
11	71	139	223		389	467	571	653	751	853	947
13	73	149	227	307	397	479	577	659	757	857	953
17	79	151	229	311		487	587	661	761	859	967
19	83	157	233	313	401	491	593	673	769	863	971
23	89	163	239	317	409	499	599	677	773	877	977
29	97	167	241	331	419			683	787	881	983
31		173	251	337	421	503	601	691	797	883	991
37	101	179	257	347	431	509	607			887	997
41	103	181	263	349	433	521	613	701	809		
43	107	191	269	353	439	523	617	709	811	907	1009

Potenzen

$a^k \underset{\text{Df}}{=} a \cdot a \cdot \ldots \cdot a$ (k Faktoren a mit $a \in R$ und $k > 1$, $k \in N$)

$0^k \underset{\text{Df}}{=} 0$ für alle $k \neq 0$; $\quad a^1 \underset{\text{Df}}{=} a$; $\quad a^0 \underset{\text{Df}}{=} 1 \quad (a \neq 0)$; $\quad a^{-k} \underset{\text{Df}}{=} \frac{1}{a^k} \quad (a \neq 0)$

$a^{\frac{1}{n}} \underset{\text{Df}}{=} \sqrt[n]{a} \quad (n > 0;\ n \in N;\ a \geqq 0;\ a \in R)$;

$a^{\frac{p}{q}} \underset{\text{Df}}{=} (a^p)^{\frac{1}{q}} = \sqrt[q]{a^p} \quad (p, q \in Z;\ q > 0;\ a \in R)$

Definition der Wurzel:
$\sqrt[n]{a}$ ($a \geqq 0$; $n \in N$; $n \geqq 1$) ist diejenige nichtnegative reelle Zahl b, für die gilt $b^n = a$.

Potenzgesetze		
Basen gleich:	Exponenten gleich:	
$a^m \cdot a^n = a^{m+n}$ $\frac{a^m}{a^n} = a^{m-n}$	$a^m \cdot b^m = (a \cdot b)^m$ $\frac{a^m}{b^m} = \left(\frac{a}{b}\right)^m$	$(a^m)^n = a^{m \cdot n}$
Dabei gilt: a, b beliebig reell, aber ungleich Null, und m, n ganzzahlig oder a, b positiv reell und m, n reell.		

Wurzelgesetze

$\sqrt[n]{a} \cdot \sqrt[n]{b} = \sqrt[n]{a \cdot b} \quad (a \geqq 0;\ b \geqq 0);$ $\qquad \dfrac{\sqrt[n]{a}}{\sqrt[n]{b}} = \sqrt[n]{\dfrac{a}{b}} \quad (a \geqq 0;\ b > 0)$

$\sqrt[q]{\sqrt[n]{a}} = \sqrt[n]{\sqrt[q]{a}} = \sqrt[n \cdot q]{a} \quad (a \geqq 0);$ $\qquad \left(\sqrt[n]{a}\right)^p = \sqrt[n]{a^p} \quad (a \geqq 0)$

Logarithmen

Definition des Logarithmus:
$\log_a b$ $(a > 0;\ a \neq 1;\ b > 0)$ ist diejenige reelle Zahl c, für die gilt $a^c = b$.

$a^{\log_a b} = b;$ $\quad \log_a 1 = 0;$ $\quad \log_1 a$ nicht erklärt; $\quad \log_a a = 1$

Logarithmengesetze		
$\log_a (b_1 \cdot b_2) = \log_a b_1 + \log_a b_2;$ $\log_a \left(\dfrac{b_1}{b_2}\right) = \log_a b_1 - \log_a b_2;$	$\log_a b^r = r \cdot \log_a b$ $\log_a \sqrt[n]{b} = \dfrac{1}{n} \cdot \log_a b$	$b, b_1, b_2 > 0;$ r beliebig reell, $a > 0, a \neq 1$

Winkelmessung

Gradmaß	Beim Gradmaß wird dem Vollwinkel die Zahl 360 zugeordnet. (Diese Verfahrensweise war schon bei den Babyloniern im Gebrauch.) Einheiten: 1 Grad (1°), 1 Minute (1′), 1 Sekunde (1″); 1° = 60′; 1′ = 60″ 1 Grad ist der 360te Teil eines Vollwinkels.
Bogenmaß 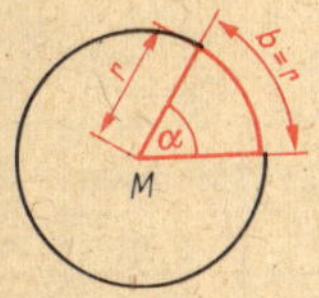	Beim Bogenmaß wird das zum betreffenden Winkel gehörige Bogenstück zum Radius ins Verhältnis gesetzt. Für den Vollwinkel gilt $2\pi r : r$, also 2π. Einheit: 1 Radiant (1 rad); 1 rad = $1 \dfrac{\text{m}}{\text{m}}$ (Falls Irrtümer ausgeschlossen sind, wird das Einheitenzeichen „rad" weggelassen.) 1 Radiant ist der ebene Winkel zwischen zwei Kreisradien, die aus dem Umfang einen Bogen b von der Länge des Radius r ausschneiden (↗ Bild).
Umrechnungsgleichungen	Bezeichnet man die Winkelgröße im Gradmaß mit α und die Winkelgröße im Bogenmaß mit $\text{arc}\,\alpha$ (arcus, lat., Bogen), so gilt: $\dfrac{\text{arc}\,\alpha}{\alpha} = \dfrac{2\pi}{360°}$, und es folgt (1) $\text{arc}\,\alpha = \dfrac{\pi}{180°}\alpha$ oder $\text{arc}\,\alpha \approx 0{,}01745 \cdot \alpha$ für die Umrechnung vom Gradmaß ins Bogenmaß und (2) $\alpha = \dfrac{180°}{\pi}\text{arc}\,\alpha$ oder $\alpha \approx 57{,}29578° \cdot \text{arc}\,\alpha$ für die Umrechnung vom Bogenmaß ins Gradmaß.

$\text{arc}\,\alpha$	$\frac{\pi}{6}$	$\frac{\pi}{4}$	$\frac{\pi}{3}$	$\frac{\pi}{2}$	$\frac{2\pi}{3}$	$\frac{3\pi}{4}$	$\frac{5\pi}{6}$	π	$\frac{4\pi}{3}$	$\frac{3\pi}{2}$	$\frac{5\pi}{3}$	2π
α	30°	45°	60°	90°	120°	135°	150°	180°	240°	270°	300°	360°

Umrechnungstafel: Grad in Radiant

Grad	Radiant	Grad	Radiant	Grad	Radiant	Grad	Radiant	Grad	Radiant
1	0,0175	31	0,5411	61	1,0647	91	1,5882	205	3,5779
2	0349	32	5585	62	0821	92	6057	210	6652
3	0524	33	5760	63	0996	93	6232	215	7525
4	0,0698	34	0,5934	64	1,1170	94	1,6406	220	3,8397
5	0873	35	6109	65	1345	95	6581	225	9270
6	1047	36	6283	66	1519	96	6755	230	4,0143
7	0,1222	37	0,6458	67	1,1694	97	1,6930	235	4,1015
8	1396	38	6632	68	1868	98	7104	240	1888
9	1571	39	6807	69	2043	99	7279	245	2761
10	0,1745	**40**	0,6981	**70**	1,2217	**100**	1,7453	**250**	4,3633
11	0,1920	41	0,7156	71	1,2392	105	1,8326	255	4,4506
12	2094	42	7330	72	2566	110	9199	260	5379
13	2269	43	7505	73	2741	115	2,0071	265	6251
14	0,2443	44	0,7679	74	1,2915	120	2,0944	270	4,7124
15	2618	45	7854	75	3090	125	1817	275	7997
16	2793	46	8029	76	3265	130	2689	280	8869
17	0,2967	47	0,8203	77	1,3439	135	2,3562	285	4,9742
18	3142	48	8378	78	3614	140	4435	290	5,0615
19	3316	49	8552	79	3788	145	5307	295	1487
20	0,3491	**50**	0,8727	**80**	1,3963	**150**	2,6180	**300**	5,2360
21	0,3665	51	0,8901	81	1,4137	155	2,7053	310	5,4105
22	3840	52	9076	82	4312	160	7925	315	4978
23	4014	53	9250	83	4486	165	8798	320	5851
24	0,4189	54	0,9425	84	1,4661	170	2,9671	325	5,6723
25	4363	55	9599	85	4835	175	3,0543	330	7596
26	4538	56	9774	86	5010	180	1416	335	8469
27	0,4712	57	0,9948	87	1,5184	185	3,2289	340	5,9341
28	4887	58	1,0123	88	5359	190	3161	345	6,0214
29	5061	59	0297	89	5533	195	4034	350	1087
30	0,5236	**60**	1,0472	**90**	1,5708	**200**	3,4907	**360**	6,2832

arc 23,12° = arc 23° + arc 0,12° = 0,4014 + 0,002094 ≈ 0,4035

Umrechnungstafel: Radiant in Grad

Radiant	Grad	Radiant	Grad	Radiant	Grad	Radiant	Grad	Radiant	Grad
0,00	0,00	**0,40**	22,92	**0,80**	45,84	**1,20**	68,75	**2,0**	114,59
0,02	1,15	0,42	24,06	0,82	46,98	1,22	69,90	2,1	120,32
0,04	2,29	0,44	25,21	0,84	48,13	1,24	71,05	2,2	126,05
0,06	3,44	0,46	26,36	0,86	49,27	1,26	72,19	2,3	131,78
0,08	4,58	0,48	27,50	0,88	50,42	1,28	73,34	2,4	137,51
0,10	5,73	**0,50**	28,65	**0,90**	51,57	**1,30**	74,48	**2,5**	143,24
0,12	6,88	0,52	29,79	0,92	52,71	1,32	75,63	2,6	148,97
0,14	8,02	0,54	30,94	0,94	53,86	1,34	76,78	2,7	154,70
0,16	9,17	0,56	32,09	0,96	55,00	1,36	77,92	2,8	160,43
0,18	10,31	0,58	33,23	0,98	56,15	1,38	79,07	2,9	166,16
0,20	11,46	**0,60**	34,38	**1,00**	57,30	**1,40**	80,21	**3,0**	171,89
0,22	12,61	0,62	35,52	1,02	58,44	1,42	81,36	3,2	183,35
0,24	13,75	0,64	36,67	1,04	59,59	1,44	82,51	3,4	194,81
0,26	14,90	0,66	37,82	1,06	60,73	1,46	83,65	3,6	206,26
0,28	16,04	0,68	38,96	1,08	61,88	1,48	84,80	3,8	217,72
0,30	17,19	**0,70**	40,11	**1,10**	63,03	**1,5**	85,94	**4,0**	229,18
0,32	18,33	0,72	41,25	1,12	64,17	1,6	91,67	5,0	286,48
0,34	19,48	0,74	42,40	1,14	65,32	1,7	97,40	6,0	343,77
0,36	20,63	0,76	43,54	1,16	66,46	1,8	103,13	7,0	401,07
0,38	21,77	0,78	44,69	1,18	67,61	1,9	108,86	8,0	458,37
0,40	22,92	**0,80**	45,84	**1,20**	68,75	**2,0**	114,59	**10,0**	572,96

Umrechnungstafel: Grad in Min., Sek.

Grad		Grad		Grad		Grad		Grad	
0,01	0′ 36″	0,21	12′ 36″	0,41	24′ 36″	0,61	36′ 36″	0,81	48′ 36″
0,02	1′ 12″	0,22	13′ 12″	0,42	25′ 12″	0,62	37′ 12″	0,82	49′ 12″
0,03	1′ 48″	0,23	13′ 48″	0,43	25′ 48″	0,63	37′ 48″	0,83	49′ 48″
0,04	2′ 24″	0,24	14′ 24″	0,44	26′ 24″	0,64	38′ 24″	0,84	50′ 24″
0,05	3′ 0″	0,25	15′ 0″	0,45	27′ 0″	0,65	39′ 0″	0,85	51′ 0″
0,06	3′ 36″	0,26	15′ 36″	0,46	27′ 36″	0,66	39′ 36″	0,86	51′ 36″
0,07	4′ 12″	0,27	16′ 12″	0,47	28′ 12″	0,67	40′ 12″	0,87	52′ 12″
0,08	4′ 48″	0,28	16′ 48″	0,48	28′ 48″	0,68	40′ 48″	0,88	52′ 48″
0,09	5′ 24″	0,29	17′ 24″	0,49	29′ 24″	0,69	41′ 24″	0,89	53′ 24″
0,10	6′ 0″	**0,30**	18′ 0″	**0,50**	30′ 0″	**0,70**	42′ 0″	**0,90**	54′ 0″
0,11	6′ 36″	0,31	18′ 36″	0,51	30′ 36″	0,71	42′ 36″	0,91	54′ 36″
0,12	7′ 12″	0,32	19′ 12″	0,52	31′ 12″	0,72	43′ 12″	0,92	55′ 12″
0,13	7′ 48″	0,33	19′ 48″	0,53	31′ 48″	0,73	43′ 48″	0,93	55′ 48″
0,14	8′ 24″	0,34	20′ 24″	0,54	32′ 24″	0,74	44′ 24″	0,94	56′ 24″
0,15	9′ 0″	0,35	21′ 0″	0,55	33′ 0″	0,75	45′ 0″	0,95	57′ 0″
0,16	9′ 36″	0,36	21′ 36″	0,56	33′ 36″	0,76	45′ 36″	0,96	57′ 36″
0,17	10′ 12″	0,37	22′ 12″	0,57	34′ 12″	0,77	46′ 12″	0,97	58′ 12″
0,18	10′ 48″	0,38	22′ 48″	0,58	34′ 48″	0,78	46′ 48″	0,98	58′ 48″
0,19	11′ 24″	0,39	23′ 24″	0,59	35′ 24″	0,79	47′ 24″	0,99	59′ 24″
0,20	12′ 0″	**0,40**	24′ 0″	**0,60**	36′ 0″	**0,80**	48′ 0″	**1,00**	60′ 0″

■ 12,51° = 12°
\+ 30′ 36″
= 12° 30′ 36″

Umrechnungstafel: Min. in Grad

Min.	Grad	Min.	Grad	Min.	Grad	Min.	Grad	Min.	Grad	Min.	Grad
1	0,017	11	0,183	21	0,350	31	0,517	41	0,683	51	0,850
2	033	12	200	22	367	32	533	42	700	52	867
3	050	13	217	23	383	33	550	43	717	53	883
4	0,067	14	0,233	24	0,400	34	0,567	44	0,733	54	0,900
5	083	15	250	25	417	35	583	45	750	55	917
6	100	16	267	26	433	36	600	46	767	56	933
7	0,117	17	0,283	27	0,450	37	0,617	47	0,783	57	0,950
8	133	18	300	28	467	38	633	48	800	58	967
9	150	19	317	29	483	39	650	49	817	59	983
10	0,167	**20**	0,333	**30**	0,500	**40**	0,667	**50**	0,833	**60**	1,000

Hinweis auf nichtmetrische Einheiten und veraltete Maße

Für die Seefahrt sind von Bedeutung:	
1 Seemeile: 1 sm = 1852 m	1 Knoten: $1\,\text{kn} = 1\,\frac{\text{sm}}{\text{h}} = 1852\,\frac{\text{m}}{\text{h}}$
In der Literatur findet man mitunter ausländische und nicht mehr gültige Maße:	
1 Zoll (engl.) = 1″ = 25,4 mm 1 foot (engl.) = 12″ = 0,305 m 1 yard (engl.) = 0,914 m 1 Werst (russ.) = 1,067 km 1 Elle (preuß.) = 0,667 m	1 Morgen (preuß.) = 0,255 ha 1 Pfund (preuß.) = 0,500 kg 1 Pud (russ.) = 16,38 kg 1 gallon (engl.) = 4,544 l 1 Schock = 5 Dutzend = 60 Stück

Funktionen und Gleichungen

Lineare Funktionen und Gleichungen

$y = mx + n$ (m, n beliebige Konstanten)
Definitionsbereich: $-\infty < x < +\infty$
Wertebereich: $-\infty < y < +\infty$ (falls $m \neq 0$)
Der Graph ist eine Gerade mit dem Anstieg $m = \tan\phi$ ($\phi \neq 90°$; $\phi \neq -90°$).
Sie schneidet die y-Achse im Punkt P $(0; n)$ und die x-Achse im Fall $m \neq 0$ im Punkt P $\left(-\frac{n}{m}; 0\right)$.
Normalform einer linearen Gleichung mit einer Variablen:
$ax + b = 0$ (a, b konst.; $a \neq 0$).
Die Gleichung hat genau eine Lösung: $x = -\frac{b}{a}$.

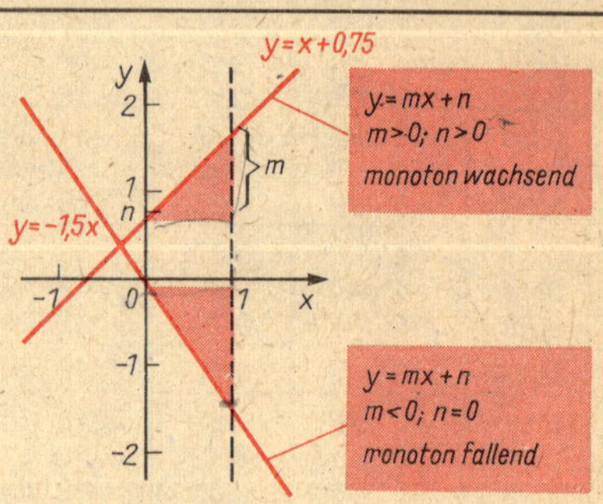

Quadratische Funktionen

Allgemeine Form:

$y = ax^2 + bx + c$ (a, b, c konst.; $a \neq 0$)   Definitionsbereich: $-\infty < x < +\infty$
Der Graph ist eine Parabel mit dem Scheitelpunkt $S\left(-\frac{b}{2a}; \frac{4ac - b^2}{4a}\right)$

Spezialfälle quadratischer Funktionen:

$y = x^2$

Definitionsbereich: $-\infty < x < +\infty$
Wertebereich: $0 \leqq y < +\infty$
Graph:
Normalparabel mit dem Scheitelpunkt $S(0; 0)$.

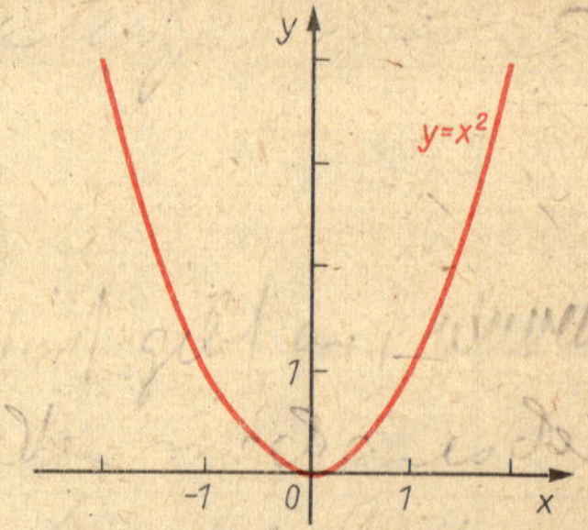

$y = ax^2 + c$

Definitionsbereich: $-\infty < x < +\infty$
Wertebereich
für $a > 0$: $c \leqq y < +\infty$
für $a < 0$: $-\infty < y \leqq c$
Graph:
Parabel mit dem Scheitelpunkt $S(0; c)$,
nach oben geöffnet im Fall $a > 0$,
nach unten geöffnet im Fall $a < 0$.

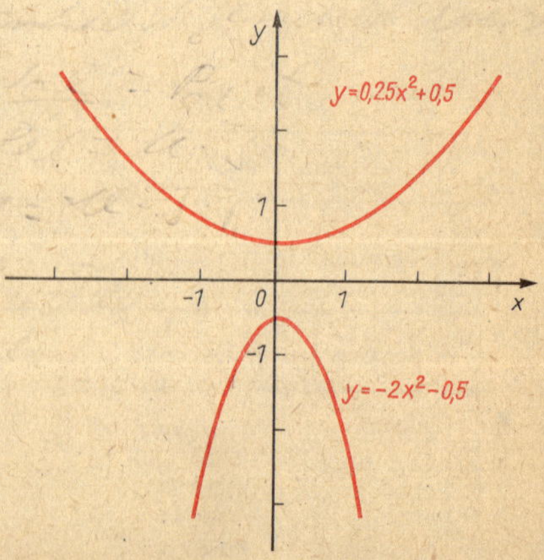

$y = (x + d)^2 + e$

Definitionsbereich: $-\infty < x < +\infty$
Wertebereich: $e \leqq y < +\infty$
Graph:
Zur Normalparabel kongruente Parabel mit dem Scheitelpunkt $S(-d;\ e)$.

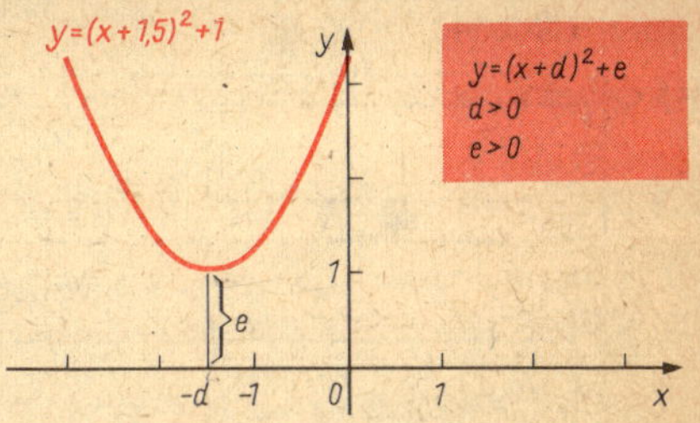

Normalform

$y = x^2 + px + q$

Definitionsbereich: $-\infty < x < +\infty$
Wertebereich: $-\frac{p^2}{4} + q \leqq y < +\infty$
Graph: Zur Normalparabel kongruente Parabel mit dem Scheitelpunkt
$S\left(-\frac{p}{2};\ -\frac{p^2}{4} + q\right)$.

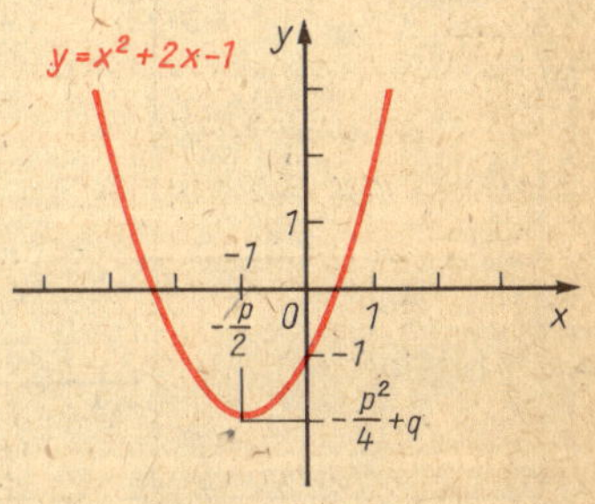

Diskriminante $D = \left(\frac{p}{2}\right)^2 - q$

Die Funktion $y = x^2 + px + q$ hat genau zwei Nullstellen, wenn $D > 0$, genau eine Nullstelle, wenn $D = 0$, und keine Nullstelle, wenn $D < 0$ ist.

Quadratische Gleichungen

Allgemeine Form	$ax^2 + bx + c = 0$ ($a \neq 0$; a, b, c konst.)
Normalform	$x^2 + px + q = 0$ mit $p = \frac{b}{a}$ und $q = \frac{c}{a}$ Lösungen: $x_{1,2} = -\frac{p}{2} \pm \sqrt{\left(\frac{p}{2}\right)^2 - q}$ Unter Hinzuziehung der Diskriminante $D = \left(\frac{p}{2}\right)^2 - q$ kann man feststellen: Im Falle $D > 0$ gibt es genau zwei reelle Lösungen, im Falle $D = 0$ gibt es genau eine reelle Lösung, im Falle $D < 0$ gibt es keine reelle Lösung.
Zerlegung in Linearfaktoren	Sind x_1 und x_2 Lösungen der Gleichung $x^2 + px + q = 0$, so gilt $x^2 + px + q = (x - x_1)(x - x_2)$.
Vietascher Wurzelsatz	Die Zahlen x_1 und x_2 sind genau dann die Lösungen der Gleichung $x^2 + px + q = 0$, wenn gilt $x_1 + x_2 = -p$ und $x_1 x_2 = q$.

Monotoniegesetze für lineare Ungleichungen (*a, b, c* reelle Zahlen)

Wenn $a < b$, so $a + c < b + c$ und $a - c < b - c$.	Wenn $a < b$ und $c > 0$, so $a \cdot c < b \cdot c$ und $\frac{a}{c} < \frac{b}{c}$. Wenn $a < b$ und $c < 0$, so $a \cdot c > b \cdot c$ und $\frac{a}{c} > \frac{b}{c}$.

Potenzfunktionen

$y = x^n \ (n \in Z)$

	n nicht negativ	*n* negativ
n gerade	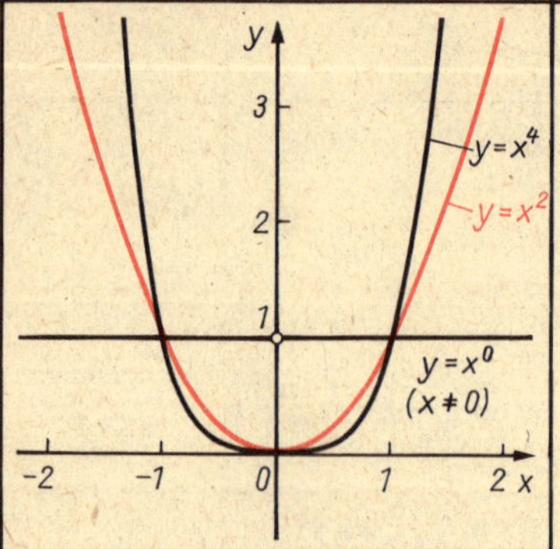	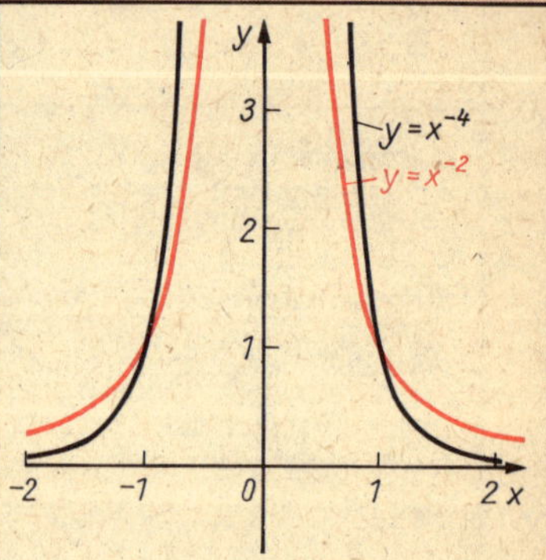
n ungerade	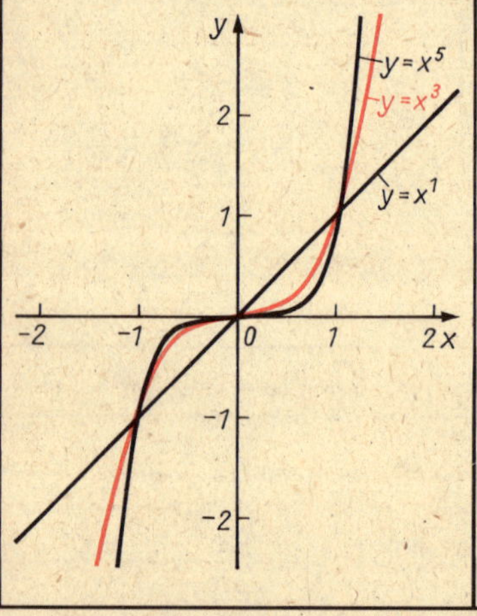	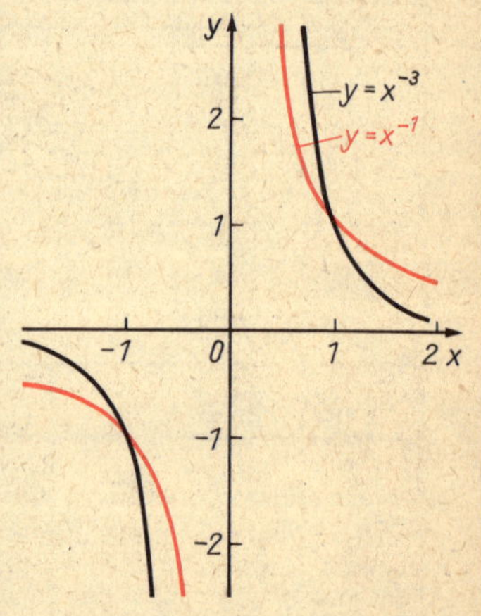

$y = x^{\frac{p}{q}}$ ($p, q \in Z$; $q > 0$ und p nicht Vielfaches von q)

p positiv	*p* negativ
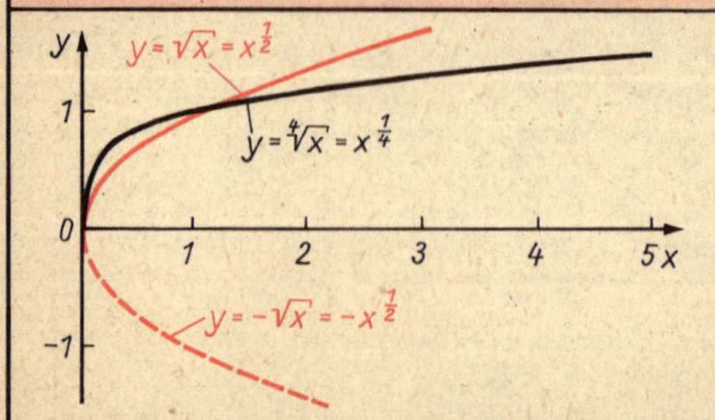	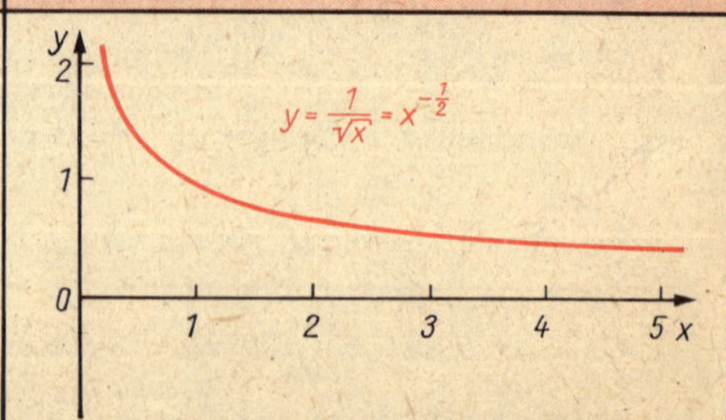

Exponentialfunktionen

$y = a^x$ $(a > 0;\ a \neq 1)$
Definitionsbereich: $-\infty < x < +\infty$
Wertebereich: $0 < y < +\infty$

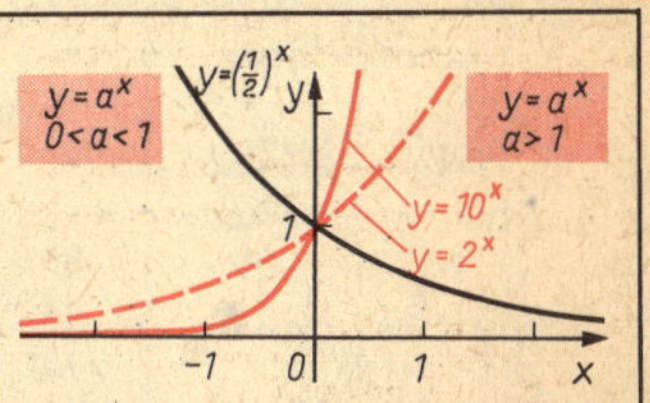

Logarithmusfunktionen

$y = \log_a x$ $(a > 0;\ a \neq 1)$
Definitionsbereich: $0 < x < +\infty$
Wertebereich: $-\infty < y < +\infty$

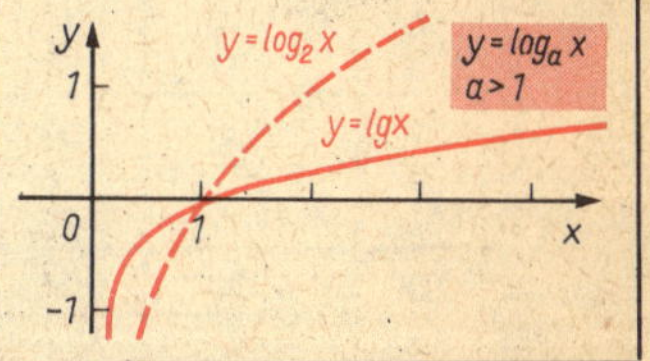

Die Winkelfunktionen werden auf den Seiten 34 und 35 behandelt.

$y = 2^x$; $y = 3^x$; $y = 10^x$

x	2^x	3^x	10^x	x	2^x	3^x	10^x	x	2^x	3^x	10^x
−2,0	0,250	0,111	0,010	**1,0**	2,000	3,000	10,00	**4,0**	16,00	81,00	10000
−1,8	0,287	0,138	0,016	1,2	2,297	3,737	15,85	4,2	18,38	100,9	15849
−1,6	0,330	0,172	0,025	1,4	2,639	4,656	25,12	4,4	21,11	125,7	25119
−1,4	0,379	0,215	0,040	1,6	3,031	5,800	39,81	4,6	24,25	156,6	39811
−1,2	0,435	0,268	0,063	1,8	3,482	7,225	63,10	4,8	27,86	195,1	63096
−1,0	0,500	0,333	0,100	**2,0**	4,000	9,000	100,0	**5,0**	32,00	243,0	100000
−0,8	0,574	0,415	0,158	2,2	4,595	11,21	158,5	5,2	36,76	302,7	158489
−0,6	0,660	0,517	0,251	2,4	5,278	13,97	251,2	5,4	42,22	377,1	251189
−0,4	0,758	0,644	0,398	2,6	6,063	17,40	398,1	5,6	48,50	469,8	398107
−0,2	0,870	0,803	0,631	2,8	6,964	21,67	631,0	5,8	55,72	585,2	630957
0	1,000	1,000	1,000	**3,0**	8,000	27,00	1000	**6,0**	64,00	729,0	1000000
0,2	1,149	1,246	1,585	3,2	9,190	33,63	1585	6,2	73,52	908,1	1584893
0,4	1,320	1,552	2,512	3,4	10,56	41,90	2512	6,4	84,45	1131	2511886
0,6	1,516	1,933	3,981	3,6	12,13	52,20	3981	6,6	97,01	1409	3981072
0,8	1,741	2,408	6,310	3,8	13,93	65,02	6310	6,8	111,4	1756	6309573

$y = \lg x$; $y = \log_2 x$

x	$\lg x$	$\log_2 x$
0,2	−0,6990	−2,3219
0,4	−0,3979	−1,3219
0,6	−0,2218	−0,7370
0,8	−0,0969	−0,3219
1,0	0,0000	0,0000
1,2	0,0792	0,2630
1,4	0,1461	0,4854
1,6	0,2041	0,6781
1,8	0,2553	0,8480
2,0	0,3010	1,0000
2,2	0,3424	1,1375
2,4	0,3802	1,2630
2,6	0,4150	1,3785
2,8	0,4472	1,4854
3,0	0,4771	1,5850

x	$\lg x$	$\log_2 x$
4	0,6021	2,0000
5	0,6990	2,3219
6	0,7782	2,5850
7	0,8451	2,8074
8	0,9031	3,0000
9	0,9542	3,1699
10	1,0000	3,3219
11	1,0414	3,4594
12	1,0792	3,5850
13	1,1139	3,7004
14	1,1461	3,8074
15	1,1761	3,9069
16	1,2041	4,0000
17	1,2304	4,0875
18	1,2553	4,1699

x	$\lg x$	$\log_2 x$
19	1,2788	4,2479
20	1,3010	4,3219
21	1,3222	4,3923
22	1,3424	4,4594
23	1,3617	4,5236
24	1,3802	4,5850
25	1,3979	4,6439
26	1,4150	4,7004
27	1,4314	4,7549
28	1,4472	4,8074
29	1,4624	4,8580
30	1,4771	4,9069
31	1,4914	4,9542
32	1,5051	5,0000

Mantissen der dekadischen Logarithmen von 1-0-0 bis 4-9-9

Zahl	0	1	2	3	4	5	6	7	8	9
100	00 000	043	087	130	173	217	260	303	346	389
101	00 432	475	518	561	604	647	689	732	775	817
102	860	903	945	988	*030	*072	*115	*157	*199	*242
103	01 284	326	368	410	452	494	536	578	620	662
104	703	745	787	828	870	912	953	995	*036	*078
105	02 119	160	202	243	284	325	366	407	449	490
106	531	572	612	653	694	735	776	816	857	898
107	938	979	*019	*060	*100	*141	*181	*222	*262	*302
108	03 342	383	423	463	503	543	583	623	663	703
109	743	782	822	862	902	941	981	*021	*060	*100
10	0000	0043	0086	0128	0170	0212	0253	0294	0334	0374
11	0414	0453	0492	0531	0569	0607	0645	0682	0719	0755
12	0792	0828	0864	0899	0934	0969	1004	1038	1072	1106
13	1139	1173	1206	1239	1271	1303	1335	1367	1399	1430
14	1461	1492	1523	1553	1584	1614	1644	1673	1703	1732
15	1761	1790	1818	1847	1875	1903	1931	1959	1987	2014
16	2041	2068	2095	2122	2148	2175	2201	2227	2253	2279
17	2304	2330	2355	2380	2405	2430	2455	2480	2504	2529
18	2553	2577	2601	2625	2648	2672	2695	2718	2742	2765
19	2788	2810	2833	2856	2878	2900	2923	2945	2967	2989
20	3010	3032	3054	3075	3096	3118	3139	3160	3181	3201
21	3222	3243	3263	3284	3304	3324	3345	3365	3385	3404
22	3424	3444	3464	3483	3502	3522	3541	3560	3579	3598
23	3617	3636	3655	3674	3692	3711	3729	3747	3766	3784
24	3802	3820	3838	3856	3874	3892	3909	3927	3945	3962
25	3979	3997	4014	4031	4048	4065	4082	4099	4116	4133
26	4150	4166	4183	4200	4216	4232	4249	4265	4281	4298
27	4314	4330	4346	4362	4378	4393	4409	4425	4440	4456
28	4472	4487	4502	4518	4533	4548	4564	4579	4594	4609
29	4624	4639	4654	4669	4683	4698	4713	4728	4742	4757
30	4771	4786	4800	4814	4829	4843	4857	4871	4886	4900
31	4914	4928	4942	4955	4969	4983	4997	5011	5024	5038
32	5051	5065	5079	5092	5105	5119	5132	5145	5159	5172
33	5185	5198	5211	5224	5237	5250	5263	5276	5289	5302
34	5315	5328	5340	5353	5366	5378	5391	5403	5416	5428
35	5441	5453	5465	5478	5490	5502	5514	5527	5539	5551
36	5563	5575	5587	5599	5611	5623	5635	5647	5658	5670
37	5682	5694	5705	5717	5729	5740	5752	5763	5775	5786
38	5798	5809	5821	5832	5843	5855	5866	5877	5888	5899
39	5911	5922	5933	5944	5955	5966	5977	5988	5999	6010
40	6021	6031	6042	6053	6064	6075	6085	6096	6107	6117
41	6128	6138	6149	6160	6170	6180	6191	6201	6212	6222
42	6232	6243	6253	6263	6274	6284	6294	6304	6314	6325
43	6335	6345	6355	6365	6375	6385	6395	6405	6415	6425
44	6435	6444	6454	6464	6474	6484	6493	6503	6513	6522
45	6532	6542	6551	6561	6571	6580	6590	6599	6609	6618
46	6628	6637	6646	6656	6665	6675	6684	6693	6702	6712
47	6721	6730	6739	6749	6758	6767	6776	6785	6794	6803
48	6812	6821	6830	6839	6848	6857	6866	6875	6884	6893
49	6902	6911	6920	6928	6937	6946	6955	6964	6972	6981

$\lg 43 = 1{,}6335$; $\lg 430 = 2{,}6335$; $\lg 4332 \approx \lg 4330 = 3{,}6365$

Der Stern * in der Zeile 107 bedeutet, daß für die Ziffernfolge 019, 060, ... bereits 03 als erste Ziffern hinzuzufügen sind: 03019, 03060, ...

Mantissen der dekadischen Logarithmen von 5-0-0 bis 9-9-9

Zahl	0	1	2	3	4	5	6	7	8	9
50	6990	6998	7007	7016	7024	7033	7042	7050	7059	7067
51	7076	7084	7093	7101	7110	7118	7126	7135	7143	7152
52	7160	7168	7177	7185	7193	7202	7210	7218	7226	7235
53	7243	7251	7259	7267	7275	7284	7292	7300	7308	7316
54	7324	7332	7340	7348	7356	7364	7372	7380	7388	7396
55	7404	7412	7419	7427	7435	7443	7451	7459	7466	7474
56	7482	7490	7497	7505	7513	7520	7528	7536	7543	7551
57	7559	7566	7574	7582	7589	7597	7604	7612	7619	7627
58	7634	7642	7649	7657	7664	7672	7679	7686	7694	7701
59	7709	7716	7723	7731	7738	7745	7752	7760	7767	7774
60	7782	7789	7796	7803	7810	7818	7825	7832	7839	7846
61	7853	7860	7868	7875	7882	7889	7896	7903	7910	7917
62	7924	7931	7938	7945	7952	7959	7966	7973	7980	7987
63	7993	8000	8007	8014	8021	8028	8035	8041	8048	8055
64	8062	8069	8075	8082	8089	8096	8102	8109	8116	8122
65	8129	8136	8142	8149	8156	8162	8169	8176	8182	8189
66	8195	8202	8209	8215	8222	8228	8235	8241	8248	8254
67	8261	8267	8274	8280	8287	8293	8299	8306	8312	8319
68	8325	8331	8338	8344	8351	8357	8363	8370	8376	8382
69	8388	8395	8401	8407	8414	8420	8426	8432	8439	8445
70	8451	8457	8463	8470	8476	8482	8488	8494	8500	8506
71	8513	8519	8525	8531	8537	8543	8549	8555	8561	8567
72	8573	8579	8585	8591	8597	8603	8609	8615	8621	8627
73	8633	8639	8645	8651	8657	8663	8669	8675	8681	8686
74	8692	8698	8704	8710	8716	8722	8727	8733	8739	8745
75	8751	8756	8762	8768	8774	8779	8785	8791	8797	8802
76	8808	8814	8820	8825	8831	8837	8842	8848	8854	8859
77	8865	8871	8876	8882	8887	8893	8899	8904	8910	8915
78	8921	8927	8932	8938	8943	8949	8954	8960	8965	8971
79	8976	8982	8987	8993	8998	9004	9009	9015	9020	9025
80	9031	9036	9042	9047	9053	9058	9063	9069	9074	9079
81	9085	9090	9096	9101	9106	9112	9117	9122	9128	9133
82	9138	9143	9149	9154	9159	9165	9170	9175	9180	9186
83	9191	9196	9201	9206	9212	9217	9222	9227	9232	9238
84	9243	9248	9253	9258	9263	9269	9274	9279	9284	9289
85	9294	9299	9304	9309	9315	9320	9325	9330	9335	9340
86	9345	9350	9355	9360	9365	9370	9375	9380	9385	9390
87	9395	9400	9405	9410	9415	9420	9425	9430	9435	9440
88	9445	9450	9455	9460	9465	9469	9474	9479	9484	9489
89	9494	9499	9504	9509	9513	9518	9523	9528	9533	9538
90	9542	9547	9552	9557	9562	9566	9571	9576	9581	9586
91	9590	9595	9600	9605	9609	9614	9619	9624	9628	9633
92	9638	9643	9647	9652	9657	9661	9666	9671	9675	9680
93	9685	9689	9694	9699	9703	9708	9713	9717	9722	9727
94	9731	9736	9741	9745	9750	9754	9759	9763	9768	9773
95	9777	9782	9786	9791	9795	9800	9805	9809	9814	9818
96	9823	9827	9832	9836	9841	9845	9850	9854	9859	9863
97	9868	9872	9877	9881	9886	9890	9894	9899	9903	9908
98	9912	9917	9921	9926	9930	9934	9939	9943	9948	9952
99	9956	9961	9965	9969	9974	9978	9983	9987	9991	9996

$\lg 0{,}726 = 0{,}8609 - 1$ $\quad$ $\lg x = 0{,}9431;\quad x = 8{,}77$

y = sin *x* und *y* = cos *x*

sin 0° ... sin 45°

Grad	,0	,1	,2	,3	,4	,5	,6	,7	,8	,9	(1,0)	
0	0	0,00175	00349	00524	00698	00873	0105	0122	0140	0157	0175	89
1	0,0175	0192	0209	0227	0244	0262	0279	0297	0314	0332	0349	88
2	0349	0366	0384	0401	0419	0436	0454	0471	0488	0506	0523	87
3	0523	0541	0558	0576	0593	0610	0628	0645	0663	0680	0698	86
4	0,0698	0715	0732	0750	0767	0785	0802	0819	0837	0854	0872	85
5	0872	0889	0906	0924	0941	0958	0976	0993	1011	1028	1045	84
6	1045	1063	1080	1097	1115	1132	1149	1167	1184	1201	1219	83
7	0,1219	1236	1253	1271	1288	1305	1323	1340	1357	1374	1392	82
8	1392	1409	1426	1444	1461	1478	1495	1513	1530	1547	1564	81
9	1564	1582	1599	1616	1633	1650	1668	1685	1702	1719	1736	**80**
10	0,1736	1754	1771	1788	1805	1822	1840	1857	1874	1891	1908	79
11	0,1908	1925	1942	1959	1977	1994	2011	2028	2045	2062	2079	78
12	2079	2096	2113	2130	2147	2164	2181	2198	2215	2233	2250	77
13	2250	2267	2284	2300	2317	2334	2351	2368	2385	2402	2419	76
14	0,2419	2436	2453	2470	2487	2504	2521	2538	2554	2571	2588	75
15	2588	2605	2622	2639	2656	2672	2689	2706	2723	2740	2756	74
16	2756	2773	2790	2807	2823	2840	2857	2874	2890	2907	2924	73
17	0,2924	2940	2957	2974	2990	3007	3024	3040	3057	3074	3090	72
18	3090	3107	3123	3140	3156	3173	3190	3206	3223	3239	3256	71
19	3256	3272	3289	3305	3322	3338	3355	3371	3387	3404	3420	**70**
20	0,3420	3437	3453	3469	3486	3502	3518	3535	3551	3567	3584	69
21	0,3584	3600	3616	3633	3649	3665	3681	3697	3714	3730	3746	68
22	3746	3762	3778	3795	3811	3827	3843	3859	3875	3891	3907	67
23	3907	3923	3939	3955	3971	3987	4003	4019	4035	4051	4067	66
24	0,4067	4083	4099	4115	4131	4147	4163	4179	4195	4210	4226	65
25	4226	4242	4258	4274	4289	4305	4321	4337	4352	4368	4384	64
26	4384	4399	4415	4431	4446	4462	4478	4493	4509	4524	4540	63
27	0,4540	4555	4571	4586	4602	4617	4633	4648	4664	4679	4695	62
28	4695	4710	4726	4741	4756	4772	4787	4802	4818	4833	4848	61
29	4848	4863	4879	4894	4909	4924	4939	4955	4970	4985	5000	**60**
30	0,5000	5015	5030	5045	5060	5075	5090	5105	5120	5135	5150	59
31	0,5150	5165	5180	5195	5210	5225	5240	5255	5270	5284	5299	58
32	5299	5314	5329	5344	5358	5373	5388	5402	5417	5432	5446	57
33	5446	5461	5476	5490	5505	5519	5534	5548	5563	5577	5592	56
34	0,5592	5606	5621	5635	5650	5664	5678	5693	5707	5721	5736	55
35	5736	5750	5764	5779	5793	5807	5821	5835	5850	5864	5878	54
36	5878	5892	5906	5920	5934	5948	5962	5976	5990	6004	6018	53
37	0,6018	6032	6046	6060	6074	6088	6101	6115	6129	6143	6157	52
38	6157	6170	6184	6198	6211	6225	6239	6252	6266	6280	6293	51
39	6293	6307	6320	6334	6347	6361	6374	6388	6401	6414	6428	**50**
40	0,6428	6441	6455	6468	6481	6494	6508	6521	6534	6547	6561	49
41	0,6561	6574	6587	6600	6613	6626	6639	6652	6665	6678	6691	48
42	6691	6704	6717	6730	6743	6756	6769	6782	6794	6807	6820	47
43	6820	6833	6845	6858	6871	6884	6896	6909	6921	6934	6947	46
44	0,6947	6959	6972	6984	6997	7009	7022	7034	7046	7059	7071	45
	(1,0)	,9	,8	,7	,6	,5	,4	,3	,2	,1	,0	Grad

cos 45° ... cos 90°

y = sin x und y = cos x

sin 45° … sin 90°

Grad	,0	,1	,2	,3	,4	,5	,6	,7	,8	,9	(1,0)	
45	0,7071	7083	7096	7108	7120	7133	7145	7157	7169	7181	7193	44
46	7193	7206	7218	7230	7242	7254	7266	7278	7290	7302	7314	43
47	0,7314	7325	7337	7349	7361	7373	7385	7396	7408	7420	7431	42
48	7431	7443	7455	7466	7478	7490	7501	7513	7524	7536	7547	41
49	7547	7559	7570	7581	7593	7604	7615	7627	7638	7649	7660	**40**
50	0,7660	7672	7683	7694	7705	7716	7727	7738	7749	7760	7771	39
51	0,7771	7782	7793	7804	7815	7826	7837	7848	7859	7869	7880	38
52	7880	7891	7902	7912	7923	7934	7944	7955	7965	7976	7986	37
53	7986	7997	8007	8018	8028	8039	8049	8059	8070	8080	8090	36
54	0,8090	8100	8111	8121	8131	8141	8151	8161	8171	8181	8192	35
55	8192	8202	8211	8221	8231	8241	8251	8261	8271	8281	8290	34
56	8290	8300	8310	8320	8329	8339	8348	8358	8368	8377	8387	33
57	0,8387	8396	8406	8415	8425	8434	8443	8453	8462	8471	8480	32
58	8480	8490	8499	8508	8517	8526	8536	8545	8554	8563	8572	31
59	8572	8581	8590	8599	8607	8616	8625	8634	8643	8652	8660	**30**
60	0,8660	8669	8678	8686	8695	8704	8712	8721	8729	8738	8746	29
61	0,8746	8755	8763	8771	8780	8788	8796	8805	8813	8821	8829	28
62	8829	8838	8846	8854	8862	8870	8878	8886	8894	8902	8910	27
63	8910	8918	8926	8934	8942	8949	8957	8965	8973	8980	8988	26
64	0,8988	8996	9003	9011	9018	9026	9033	9041	9048	9056	9063	25
65	9063	9070	9078	9085	9092	9100	9107	9114	9121	9128	9135	24
66	9135	9143	9150	9157	9164	9171	9178	9184	9191	9198	9205	23
67	0,9205	9212	9219	9225	9232	9239	9245	9252	9259	9265	9272	22
68	9272	9278	9285	9291	9298	9304	9311	9317	9323	9330	9336	21
69	9336	9342	9348	9354	9361	9367	9373	9379	9385	9391	9397	**20**
70	0,9397	9403	9409	9415	9421	9426	9432	9438	9444	9449	9455	19
71	0,9455	9461	9466	9472	9478	9483	9489	9494	9500	9505	9511	18
72	9511	9516	9521	9527	9532	9537	9542	9548	9553	9558	9563	17
73	9563	9568	9573	9578	9583	9588	9593	9598	9603	9608	9613	16
74	0,9613	9617	9622	9627	9632	9636	9641	9646	9650	9655	9659	15
75	9659	9664	9668	9673	9677	9681	9686	9690	9694	9699	9703	14
76	9703	9707	9711	9715	9720	9724	9728	9732	9736	9740	9744	13
77	0,9744	9748	9751	9755	9759	9763	9767	9770	9774	9778	9781	12
78	9781	9785	9789	9792	9796	9799	9803	9806	9810	9813	9816	11
79	9816	9820	9823	9826	9829	9833	9836	9839	9842	9845	9848	**10**
80	0,9848	9851	9854	9857	9860	9863	9866	9869	9871	9874	9877	9
81	0,9877	9880	9882	9885	9888	9890	9893	9895	9898	9900	9903	8
82	9903	9905	9907	9910	9912	9914	9917	9919	9921	9923	9925	7
83	9925	9928	9930	9932	9934	9936	9938	9940	9942	9943	9945	6
84	0,9945	9947	9949	9951	9952	9954	9956	9957	9959	9960	9962	5
85	9962	9963	9965	9966	9968	9969	9971	9972	9973	9974	9976	4
86	9976	9977	9978	9979	9980	9981	9982	9983	9984	9985	9986	3
87	0,9986	9987	9988	9989	9990	9990	9991	9992	9993	9993	9994	2
88	9994	9995	9995	9996	9996	9997	9997	9997	9998	9998	9998	1
89	0,9998	9999	9999	9999	9999	1,000	1,000	1,000	1,000	1,000	1	**0**
	(1,0)	,9	,8	,7	,6	,5	,4	,3	,2	,1	,0	Grad

cos 0° … cos 45°

$y = \tan x$ und $y = \cot x$

tan 0° … tan 45°

Grad	,0	,1	,2	,3	,4	,5	,6	,7	,8	,9	(1,0)	
0	0	0,00175	00349	00524	00698	00873	0105	0122	0140	0157	0175	89
1	0,0175	0192	0209	0227	0244	0262	0279	0297	0314	0332	0349	88
2	0349	0367	0384	0402	0419	0437	0454	0472	0489	0507	0524	87
3	0524	0542	0559	0577	0594	0612	0629	0647	0664	0682	0699	86
4	0,0699	0717	0734	0752	0769	0787	0805	0822	0840	0857	0875	85
5	0875	0892	0910	0928	0945	0963	0981	0998	1016	1033	1051	84
6	1051	1069	1086	1104	1122	1139	1157	1175	1192	1210	1228	83
7	0,1228	1246	1263	1281	1299	1317	1334	1352	1370	1388	1405	82
8	1405	1423	1441	1459	1477	1495	1512	1530	1548	1566	1584	81
9	1584	1602	1620	1638	1655	1673	1691	1709	1727	1745	1763	**80**
10	0,1763	1781	1799	1817	1835	1853	1871	1890	1908	1926	1944	79
11	0,1944	1962	1980	1998	2016	2035	2053	2071	2089	2107	2126	78
12	2126	2144	2162	2180	2199	2217	2235	2254	2272	2290	2309	77
13	2309	2327	2345	2364	2382	2401	2419	2438	2456	2475	2493	76
14	0,2493	2512	2530	2549	2568	2586	2605	2623	2642	2661	2679	75
15	2679	2698	2717	2736	2754	2773	2792	2811	2830	2849	2867	74
16	2867	2886	2905	2924	2943	2962	2981	3000	3019	3038	3057	73
17	0,3057	3076	3096	3115	3134	3153	3172	3191	3211	3230	3249	72
18	3249	3269	3288	3307	3327	3346	3365	3385	3404	3424	3443	71
19	3443	3463	3482	3502	3522	3541	3561	3581	3600	3620	3640	**70**
20	0,3640	3659	3679	3699	3719	3739	3759	3779	3799	3819	3839	69
21	0,3839	3859	3879	3899	3919	3939	3959	3979	4000	4020	4040	68
22	4040	4061	4081	4101	4122	4142	4163	4183	4204	4224	4245	67
23	4245	4265	4286	4307	4327	4348	4369	4390	4411	4431	4452	66
24	0,4452	4473	4494	4515	4536	4557	4578	4599	4621	4642	4663	65
25	4663	4684	4706	4727	4748	4770	4791	4813	4834	4856	4877	64
26	4877	4899	4921	4942	4964	4986	5008	5029	5051	5073	5095	63
27	0,5095	5117	5139	5161	5184	5206	5228	5250	5272	5295	5317	62
28	5317	5340	5362	5384	5407	5430	5452	5475	5498	5520	5543	61
29	5543	5566	5589	5612	5635	5658	5681	5704	5727	5750	5774	**60**
30	0,5774	5797	5820	5844	5867	5890	5914	5938	5961	5985	6009	59
31	0,6009	6032	6056	6080	6104	6128	6152	6176	6200	6224	6249	58
32	6249	6273	6297	6322	6346	6371	6395	6420	6445	6469	6494	57
33	6494	6519	6544	6569	6594	6619	6644	6669	6694	6720	6745	56
34	0,6745	6771	6796	6822	6847	6873	6899	6924	6950	6976	7002	55
35	7002	7028	7054	7080	7107	7133	7159	7186	7212	7239	7265	54
36	7265	7292	7319	7346	7373	7400	7427	7454	7481	7508	7536	53
37	0,7536	7563	7590	7618	7646	7673	7701	7729	7757	7785	7813	52
38	7813	7841	7869	7898	7926	7954	7983	8012	8040	8069	8098	51
39	8098	8127	8156	8185	8214	8243	8273	8302	8332	8361	8391	**50**
40	0,8391	8421	8451	8481	8511	8541	8571	8601	8632	8662	8693	49
41	0,8693	8724	8754	8785	8816	8847	8878	8910	8941	8972	9004	48
42	9004	9036	9067	9099	9131	9163	9195	9228	9260	9293	9325	47
43	9325	9358	9391	9424	9457	9490	9523	9556	9590	9623	9657	46
44	0,9657	9691	9725	9759	9793	9827	9861	9896	9930	9965	1,0000	45
	(1,0)	,9	,8	,7	,6	,5	,4	,3	,2	,1	,0	Grad

cot 45° … cot 90°

$y = \tan x$ und $y = \cot x$

tan 45° … tan 90°

Grad	,0	,1	,2	,3	,4	,5	,6	,7	,8	,9	(1,0)	
45	1,000	003	007	011	014	018	021	025	028	032	036	44
46	036	039	043	046	050	054	057	061	065	069	072	43
47	1,072	076	080	084	087	091	095	099	103	107	111	42
48	111	115	118	122	126	130	134	138	142	146	150	41
49	150	154	159	163	167	171	175	179	183	188	192	**40**
50	1,192	196	200	205	209	213	217	222	226	230	235	39
51	1,235	239	244	248	253	257	262	266	271	275	280	38
52	280	285	289	294	299	303	308	313	317	322	327	37
53	327	332	337	342	347	351	356	361	366	371	376	36
54	1,376	381	387	392	397	402	407	412	418	423	428	35
55	428	433	439	444	450	455	460	466	471	477	483	34
56	483	488	494	499	505	511	517	522	528	534	540	33
57	1,540	546	552	558	564	570	576	582	588	594	600	32
58	600	607	613	619	625	632	638	645	651	658	664	31
59	664	671	678	684	691	698	704	711	718	725	732	**30**
60	1,732	739	746	753	760	767	775	782	789	797	804	29
61	1,804	811	819	827	834	842	849	857	865	873	881	28
62	881	889	897	905	913	921	929	937	946	954	963	27
63	963	971	980	988	997	*006	*014	*023	*032	*041	*050	26
64	2,050	059	069	078	087	097	106	116	125	135	145	25
65	145	154	164	174	184	194	204	215	225	236	246	24
66	246	257	267	278	289	300	311	322	333	344	356	23
67	2,356	367	379	391	402	414	426	438	450	463	475	22
68	475	488	500	513	526	539	552	565	578	592	605	21
69	605	619	633	646	660	675	689	703	718	733	747	**20**
70	2,747	762	778	793	808	824	840	856	872	888	904	19
71	2,904	921	937	954	971	989	*006	*024	*042	*060	*078	18
72	3,078	096	115	133	152	172	191	211	230	251	271	17
73	271	291	312	333	354	376	398	420	442	465	487	16
74	3,487	511	534	558	582	606	630	655	681	706	732	15
75	732	758	785	812	839	867	895	923	952	981	*011	14
76	4,011	041	071	102	134	165	198	230	264	297	331	13
77	4,331	366	402	437	474	511	548	586	625	665	705	12
78	705	745	787	829	872	915	959	*005	*050	*097	*145	11
79	5,145	193	242	292	343	396	449	503	558	614	671	**10**
80	5,671	5,730	5,789	5,850	5,912	5,976	6,041	6,107	6,174	6,243	6,314	9
81	6,314	6,386	6,460	6,535	6,612	6,691	6,772	6,855	6,940	7,026	7,115	8
82	7,115	7,207	7,300	7,396	7,495	7,596	7,700	7,806	7,916	8,028	8,144	7
83	8,144	8,264	8,386	8,513	8,643	8,777	8,915	9,058	9,205	9,357	9,514	6
84	9,514	9,677	9,845‖	10,02	10,20	10,39	10,58	10,78	10,99	11,20	11,43	5
85	11,43	11,66	11,91	12,16	12,43	12,71	13,00	13,30	13,62	13,95	14,30	4
86	14,30	14,67	15,06	15,46	15,89	16,35	16,83	17,34	17,89	18,46	19,08	3
87	19,08	19,74	20,45	21,20	22,02	22,90	23,86	24,90	26,03	27,27	28,64	2
88	28,64	30,14	31,82	33,69	35,80	38,19	40,92	44,07	47,74	52,08	57,29	1
89	57,29	63,66	71,62	81,85	95,49‖	114,6	143,2	191,0	286,5	573,0	—	**0**
	(1,0)	,9	,8	,7	,6	,5	,4	,3	,2	,1	,0	Grad

cot 0° … cot 45°

Periodensystem der Ele

Periode	I. Hauptgruppe	I. Nebengruppe	II. Hauptgruppe	II. Nebengruppe	III. Hauptgruppe	III. Nebengruppe	IV. Hauptgruppe	IV. Nebengruppe	V. Hauptgrupp
1	1 1,008 2,1 H Wasserstoff								
2	3 6,94 1,0 Li Lithium		4 9,01 1,5 Be Beryllium		5 10,81 2,0 B Bor		6 12,01 2,5 C Kohlenstoff		7 14,00 3,0 Stickstoff
3	11 22,99 0,9 Na Natrium		12 24,31 1,2 Mg Magnesium		13 26,98 1,5 Al Aluminium		14 28,09 1,8 Si Silicium		15 30,9 2,1 Phosphor
4	19 39,10 0,8 K Kalium		20 40,08 1,0 Ca Calcium			21 44,96 1,3 Sc Scandium		22 47,90 1,5 Ti Titanium	
		29 63,55 1,9 Cu Kupfer		30 65,38 1,6 Zn Zink	31 69,72 1,6 Ga Gallium		32 72,59 1,8 Ge Germanium		33 74,9 2,0 A Arsen
5	37 85,47 0,8 Rb Rubidium		38 87,62 1,0 Sr Strontium			39 88,91 1,3 Y Yttrium		40 91,22 1,4 Zr Zirconium	
		47 107,87 1,9 Ag Silber		48 112,40 1,7 Cd Cadmium	49 114,82 1,7 In Indium		50 118,69 1,8 Sn Zinn		51 121,7 1,9 S Antimon
6	55 132,91 0,7 Cs Caesium		56 137,34 0,9 Ba Barium			57* 138,91 1,1 La Lanthan		72 178,49 1,3 Hf Hafnium	
		79 196,97 2,4 Au Gold		80 200,59 1,9 Hg Quecksilber	81 204,37 1,8 Tl Thallium		82 207,2 1,8 Pb Blei		83 208,9 1,9 B Bismut
7	87 [223] 0,7 Fr Francium		88 226,02 0,9 Ra Radium			89** [227] 1,1 Ac Actinium		104 [261] (Ku) Kurtschatovium	

* Lanthanide

6	58 140,12 1,1 Ce Cerium	59 140,91 1,1 Pr Praseodymium	60 144,24 1,1 Nd Neodymium	61 [145] 1,1 Pm Promethium	62 150,3 1,2 Sm Samarium

** Aktinide

7	90 232,04 1,3 Th Thorium	91 231,03 1,5 Pa Protactinium	92 238,03 1,7 U Uranium	93 237,05 1,3 Np Neptunium	94 [24 1,3 P Plutonium

Schlüssel

Eigenschaften der Oxide:

basisch		basisch/ sauer		sauer	Edelgase

Farbe

Ordnungszahl	7	
relative Atommasse	14,007	
Elektronegativitätswert	3,0	
Symbol	N	
Name	Stickstoff	

…mente (Kurzperiodensystem)

V. Nebengruppe	VI. Hauptgruppe	VI. Nebengruppe	VII. Hauptgruppe	VII. Nebengruppe	VIII. Hauptgruppe	VIII. Nebengruppe		
					2 4,003 He Helium			
	8 15,999 3,5 O Sauerstoff		9 18,998 4,0 F Fluor		10 20,18 Ne Neon			
	16 32,06 2,5 S Schwefel		17 35,45 3,0 Cl Chlor		18 39,95 Ar Argon			
23 50,94 1,6 V Vanadium		24 51,996 1,6 Cr Chromium		25 54,94 1,5 Mn Mangan		26 55,85 1,8 Fe Eisen	27 58,93 1,8 Co Cobalt	28 58,70 1,8 Ni Nickel
	34 78,96 2,4 Se Selen		35 79,90 2,8 Br Brom		36 83,80 Kr Krypton			
41 92,91 1,6 Nb Niobium		42 95,94 1,8 Mo Molybdän		43 [97] 1,9 Tc Technetium		44 101,07 2,2 Ru Ruthenium	45 102,91 2,2 Rh Rhodium	46 106,44 2,2 Pd Palladium
	52 127,60 2,1 Te Tellur		53 126,90 2,5 I Iod		54 131,30 Xe Xenon			
73 180,95 1,5 Ta Tantal		74 183,85 1,7 W Wolfram		75 186,21 1,9 Re Rhenium		76 190,2 2,2 Os Osmium	77 192,22 2,2 Ir Iridium	78 195,09 2,2 Pt Platin
	84 [209] 2,0 Po Polonium		85 [210] 2,2 At Astat		86 [222] Rn Radon			
105 [262] (Ns) Nielsbohrium								

63 151,96 1,2 Eu Europium	64 157,25 1,2 Gd Gadolinium	65 158,92 1,2 Tb Terbium	66 162,50 1,2 Dy Dysprosium	67 164,93 1,2 Ho Holmium	68 167,26 1,2 Er Erbium	69 168,93 1,2 Tm Thulium	70 173,04 1,2 Yb Ytterbium	71 174,97 1,2 Lu Lutetium
95 [243] 1,3 Am Americium	96 [247] 1,3 Cm Curium	97 [247] 1,3 Bk Berkelium	98 [251] 1,3 Cf Californium	99 [252] 1,3 Es Einsteinium	100 [257] 1,3 Fm Fermium	101 [258] 1,3 Md Mendelevium	102 [259] 1,3 No Nobelium	103 [260] 1,3 Lr Lawrencium

Winkelfunktionen

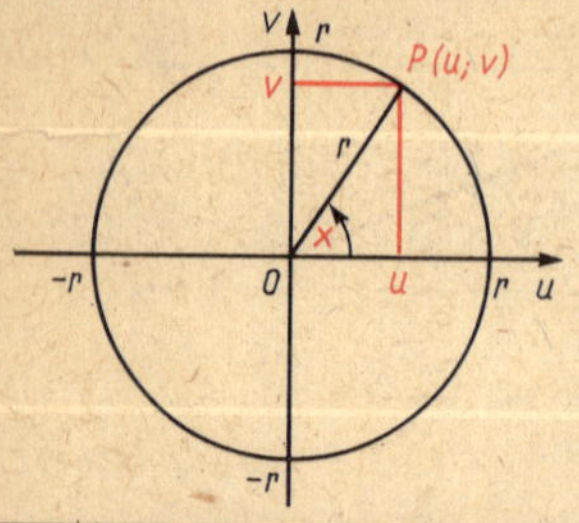

$y = \sin x \underset{\text{Df}}{=} \frac{v}{r}$ $(x \in R;\ r > 0;\ r, v \in R;\ -r \leqq v \leqq r)$

$y = \cos x \underset{\text{Df}}{=} \frac{u}{r}$ $(x \in R;\ r > 0;\ r, u \in R;\ -r \leqq u \leqq r)$

$y = \tan x \underset{\text{Df}}{=} \frac{\sin x}{\cos x} = \frac{v}{u}$ $\left(x \in R;\ x \neq (2k+1)\cdot\frac{\pi}{2};\ k \in Z\right)$

$y = \cot x \underset{\text{Df}}{=} \frac{\cos x}{\sin x} = \frac{u}{v}$ $(x \in R;\ x \neq k\cdot\pi;\ k \in Z)$

Funktion	Definitionsbereich	Wertebereich	Periodizität ($k \in Z$)
Sinus	$-\infty < x < +\infty$	$-1 \leqq y \leqq 1$	$\sin x = \sin(x + k\cdot 2\pi)$
Kosinus	$-\infty < x < +\infty$	$-1 \leqq y \leqq 1$	$\cos x = \cos(x + k\cdot 2\pi)$
Tangens	$-\infty < x < +\infty$; $x \neq \frac{\pi}{2} + k\cdot\pi\ (k \in Z)$	$-\infty < y < +\infty$	$\tan x = \tan(x + k\cdot\pi)$
Kotangens	$-\infty < x < +\infty$; $x \neq k\cdot\pi\ (k \in Z)$	$-\infty < y < +\infty$	$\cot x = \cot(x + k\cdot\pi)$

Komplementwinkelbeziehungen

$\sin\left(\frac{\pi}{2} - x\right) = \cos x$

$\cos\left(\frac{\pi}{2} - x\right) = \sin x$

$\tan\left(\frac{\pi}{2} - x\right) = \cot x$

$\cot\left(\frac{\pi}{2} - x\right) = \tan x$

(für tan und cot: $x \neq k\cdot\frac{\pi}{2}\ (k \in Z)$)

Spezielle Funktionswerte

x	0	$\frac{\pi}{6}$	$\frac{\pi}{4}$	$\frac{\pi}{3}$	$\frac{\pi}{2}$	$\frac{2\pi}{3}$	$\frac{3\pi}{4}$	$\frac{5\pi}{6}$	π	$\frac{3\pi}{2}$	2π
	0°	30°	45°	60°	90°	120°	135°	150°	180°	270°	360°
$\sin x$	0	$\frac{1}{2}$	$\frac{1}{2}\sqrt{2}$	$\frac{1}{2}\sqrt{3}$	1	$\frac{1}{2}\sqrt{3}$	$\frac{1}{2}\sqrt{2}$	$\frac{1}{2}$	0	-1	0
$\cos x$	1	$\frac{1}{2}\sqrt{3}$	$\frac{1}{2}\sqrt{2}$	$\frac{1}{2}$	0	$-\frac{1}{2}$	$-\frac{1}{2}\sqrt{2}$	$-\frac{1}{2}\sqrt{3}$	-1	0	1
$\tan x$	0	$\frac{1}{3}\sqrt{3}$	1	$\sqrt{3}$	–	$-\sqrt{3}$	-1	$-\frac{1}{3}\sqrt{3}$	0	–	0
$\cot x$	–	$\sqrt{3}$	1	$\frac{1}{3}\sqrt{3}$	0	$-\frac{1}{3}\sqrt{3}$	-1	$-\sqrt{3}$	–	0	–

Quadrantenbeziehungen (für alle x mit $0° < x < 90°$ und für $0° < \bar{x} < \infty$)

- $\sin 200° = \sin(180° + 20°) = -\sin 20°$
- $\cos(-30°) = \cos 30°$
- $\sin 290° = \sin(360° - 70°) = -\sin 70°$

	negative Winkel	I. Quadrant	II. Quadrant	III. Quadrant	IV. Quadrant
	$(-\bar{x})$	x	$(180° - x)$	$(180° + x)$	$(360° - x)$
sin	$-\sin \bar{x}$	$\sin x$	$\sin x$	$-\sin x$	$-\sin x$
cos	$\cos \bar{x}$	$\cos x$	$-\cos x$	$-\cos x$	$\cos x$

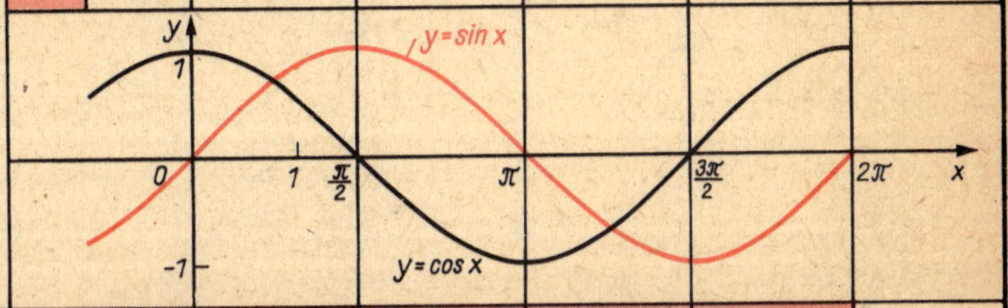

- $\tan 200° = \tan(180° + 20°) = \tan 20°$
- $\cot(-130°) = -\cot 130° = -\cot(180° - 50°) = -(-\cot 50°) = \cot 50°$

	negative Winkel	I. Quadrant	II. Quadrant	III. Quadrant	IV. Quadrant
	$(-\bar{x})$	x	$(180° - x)$	$(180° + x)$	$(360° - x)$
tan	$-\tan \bar{x}$	$\tan x$	$-\tan x$	$\tan x$	$-\tan x$
cot	$-\cot \bar{x}$	$\cot x$	$-\cot x$	$\cot x$	$-\cot x$

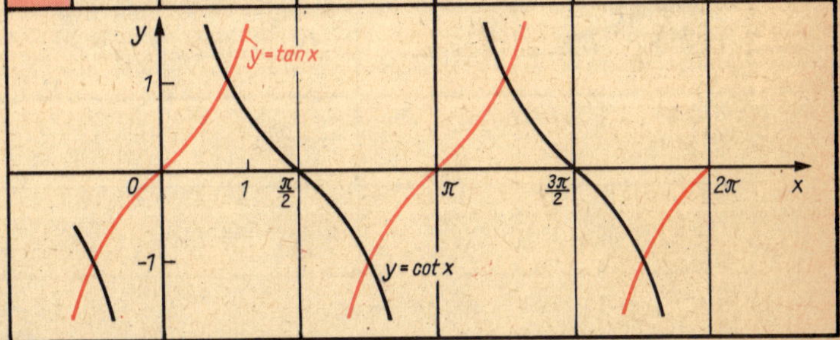

Darstellung einer Winkelfunktion durch eine andere Funktion desselben Winkels

$\sin^2 x + \cos^2 x = 1 \quad (x \in R)$ $\qquad$ $\tan x \cdot \cot x = 1 \quad \left(x \in R;\ x \neq k \cdot \frac{\pi}{2}, k \in Z\right)$

	$\sin^2 x$	$\cos^2 x$	$\tan^2 x$	$\cot^2 x$
$\sin^2 x$	–	$1 - \cos^2 x$	$\frac{\tan^2 x}{1 + \tan^2 x}$	$\frac{1}{1 + \cot^2 x}$
$\cos^2 x$	$1 - \sin^2 x$	–	$\frac{1}{1 + \tan^2 x}$	$\frac{\cot^2 x}{1 + \cot^2 x}$
$\tan^2 x$	$\frac{\sin^2 x}{1 - \sin^2 x}$	$\frac{1 - \cos^2 x}{\cos^2 x}$	–	$\frac{1}{\cot^2 x}$
$\cot^2 x$	$\frac{1 - \sin^2 x}{\sin^2 x}$	$\frac{\cos^2 x}{1 - \cos^2 x}$	$\frac{1}{\tan^2 x}$	–

Für $y = a \cdot \sin bx$ ($a, b \in R$; $a, b > 0$) gilt:

Definitionsbereich: $-\infty < x < +\infty$
Wertebereich: $-a \leqq y \leqq +a$

Nullstellen: $x = k \cdot \frac{\pi}{b}$ ($k \in Z$)

kleinste Periode: $\frac{2\pi}{b}$

Physikalische Größen und Einheiten

Raum und Zeit

Physikalische Größe	Formelzeichen	Benennung der Einheit	Einheitenzeichen	Beziehungen zwischen den Einheiten
Länge Weg Höhe Radius Wellenlänge	l s h r λ	Meter Astronomische Einheit Lichtjahr Parsec Meter	m AE ly pc m	Basiseinheit 1 AE = $1{,}496 \cdot 10^{11}$ m 1 ly = $9{,}461 \cdot 10^{15}$ m 1 pc = $3{,}086 \cdot 10^{16}$ m
Fläche	A	Quadratmeter Hektar	m^2 ha	$1\,m^2 = 1\,m \cdot 1\,m$ $1\,ha = 1 \cdot 10^4\,m^2$
Volumen	V	Kubikmeter Liter	m^3 l	$1\,m^3 = 1\,m \cdot 1\,m \cdot 1\,m$ $1\,l = 0{,}001\,m^3$ 1 l = 1 dm³
Ebener Winkel	α, β, γ	Radiant	rad	$1\,rad = \frac{1\,m}{1\,m}$
Zeit Periode (Umlaufzeit, Schwingungsdauer)	t T	Sekunde Minute Stunde Tag	s min h d	Basiseinheit 1 min = 60 s 1 h = 3600 s 1 d = 86400 s
Frequenz	f	Hertz	Hz	$1\,Hz = \frac{1}{s}$
Kreisfrequenz	ω	Eins je Sekunde	$\frac{1}{s}$	

Mechanik

Physikalische Größe	Formelzeichen	Benennung der Einheit	Einheitenzeichen	Beziehungen zwischen den Einheiten
Geschwindigkeit	v, u	Meter je Sekunde	$\frac{m}{s}$	$1\frac{m}{s} = 1\,m \cdot s^{-1}$
Beschleunigung Fallbeschleunigung	a g	Meter je Quadratsekunde	$\frac{m}{s^2}$	$1\frac{m}{s^2} = 1\,m \cdot s^{-2}$
Masse	m	Kilogramm Tonne Atomare Masseeinheit	kg t u	Basiseinheit $1\,t = 1 \cdot 10^3\,kg$ $1\,u = \frac{1{,}660\,57}{10^{27}}\,kg$
Dichte	ϱ	Kilogramm je Kubikmeter	$\frac{kg}{m^3}$	$1\frac{kg}{m^3} = 0{,}001\frac{g}{cm^3}$

Physikalische Größe	Formelzeichen	Benennung der Einheit	Einheitenzeichen	Beziehungen zwischen den Einheiten
Kraft Gewichtskraft Reibungskraft Normalkraft	F F_G; G F_R F_N	Newton	N	$1\,\mathrm{N} = 1\,\frac{\mathrm{kg \cdot m}}{\mathrm{s^2}}$
Druck	p	Pascal Bar	Pa bar	$1\,\mathrm{Pa} = 1\,\frac{\mathrm{N}}{\mathrm{m^2}} = 1\,\frac{\mathrm{kg}}{\mathrm{m \cdot s^2}}$ $1\,\mathrm{bar} = 1 \cdot 10^5\,\mathrm{Pa}$
Arbeit	W	Joule	J	$1\,\mathrm{J} = 1\,\mathrm{N \cdot m} = 1\,\frac{\mathrm{kg \cdot m^2}}{\mathrm{s^2}}$
Energie	E	Newtonmeter Wattsekunde Elektronenvolt	N · m W · s eV	$1\,\mathrm{N \cdot m} = 1\,\mathrm{J}$ $1\,\mathrm{W \cdot s} = 1\,\mathrm{J}$ $1\,\mathrm{eV} = \frac{1{,}602}{10^{19}}\,\mathrm{J}$
Leistung	P	Watt Joule je Sekunde	W $\frac{\mathrm{J}}{\mathrm{s}}$	$1\,\mathrm{W} = 1\,\frac{\mathrm{J}}{\mathrm{s}}$ $1\,\frac{\mathrm{J}}{\mathrm{s}} = 1\,\frac{\mathrm{kg \cdot m^2}}{\mathrm{s^3}}$
Kraftmoment Drehmoment Biegemoment	M M_b	Newtonmeter	N · m	$1\,\mathrm{N \cdot m} = \frac{1\,\mathrm{kg \cdot m^2}}{\mathrm{s^2}}$

Thermodynamik

Physikalische Größe	Formelzeichen	Benennung der Einheit	Einheitenzeichen	Beziehungen zwischen den Einheiten
Temperatur Temperaturänderung, Temperaturdifferenz	T ϑ $\Delta\vartheta$ ΔT	Kelvin Grad Celsius Für Temperaturdifferenzen ist bevorzugt K zu verwenden	K °C	Basiseinheit $\vartheta = T - T_0$ $T_0 = 273{,}15\,\mathrm{K}$ 1 °C = 1 K (für Temperaturdifferenzen)
Wärme	Q	Joule	J	$1\,\mathrm{J} = 1\,\mathrm{W \cdot s}$
Innere Energie	U	Joule	J	$1\,\mathrm{J} = 1\,\mathrm{W \cdot s}$
Spezifische Wärmekapazität	c	Joule je Kilogramm und Kelvin	$\frac{\mathrm{J}}{\mathrm{kg \cdot K}}$	

Elektrizität und Magnetismus

Physikalische Größe	Formelzeichen	Benennung der Einheit	Einheitenzeichen	Beziehungen zwischen den Einheiten
Elektrische Stromstärke	I	Ampere	A	Basiseinheit
Elektrische Ladung	Q	Coulomb	C	$1\,\text{C} = 1\,\text{A}\cdot\text{s}$
Elektrische Arbeit	W	Joule Kilowattstunde	J kWh	$1\,\text{J} = 1\,\text{V}\cdot\text{A}\cdot\text{s} = 1\,\text{W}\cdot\text{s}$ $1\,\text{kW}\cdot\text{h} = 3{,}6\,\text{MJ}$
Elektrische Leistung*	P	Watt	W	$1\,\text{W} = 1\,\text{V}\cdot\text{A}$ $1\,\text{W} = 1\frac{\text{J}}{\text{s}}$
Elektrische Spannung	U	Volt	V	$1\,\text{V} = 1\frac{\text{W}}{\text{A}}$
Elektrische Feldstärke	E	Volt je Meter	$\frac{\text{V}}{\text{m}}$	
Elektrische Kapazität	C	Farad	F	$1\,\text{F} = 1\frac{\text{C}}{\text{V}}$
Elektrischer Widerstand	R	Ohm	Ω	$1\,\Omega = 1\frac{\text{V}}{\text{A}}$
Induktivität	L	Henry	H	$1\,\text{H} = 1\frac{\text{V}\cdot\text{s}}{\text{A}}$

* In der Technik gebraucht man für die Einheiten der Wirkleistung, Scheinleistung und Blindleistung unterschiedliche Bezeichnungen: Watt (W), Voltampere (VA) bzw. Var (var).

Vorsätze zum Bilden von Vielfachen und Teilen von Einheiten

Vorsatz	Vorsatzzeichen	Faktor, mit dem die Einheit multipliziert werden muß	Vorsatz	Vorsatzzeichen	Faktor, mit dem die Einheit multipliziert werden muß
Exa	E	10^{18}	Dezi	d	$0{,}1 = \frac{1}{10} = 10^{-1}$
Peta	P	10^{15}	Zenti	c	$0{,}01 = \frac{1}{100} = \frac{1}{10^2} = 10^{-2}$
Tera	T	10^{12}	Milli	m	$0{,}001 = \frac{1}{1000} = \frac{1}{10^3} = 10^{-3}$
Giga	G	10^{9}	Mikro	μ	$\frac{1}{10^6} = 10^{-6}$
Mega	M	10^{6}	Nano	n	$\frac{1}{10^9} = 10^{-9}$
Kilo	k	10^{3}	Pico	p	$\frac{1}{10^{12}} = 10^{-12}$
Hekto	h	10^{2}	Femto	f	$\frac{1}{10^{15}} = 10^{-15}$
Deka	da	10^{1}	Atto	a	$\frac{1}{10^{18}} = 10^{-18}$

Umrechnungsfaktoren von Einheiten

Einheiten der Kraft

1 kp = 9,81 N
1 p = 0,00981 N

Einheiten des Druckes

1 at	$= 1\,\frac{\text{kp}}{\text{cm}^2} = 98100$ Pa ≈ 100 kPa
1 atm	$= 101300$ Pa ≈ 100 kPa
1 Torr	$= 133{,}32$ Pa
1 bar	$= 100000$ Pa $= 100$ kPa
1 mbar	$= 1$ hPa
1 mm WS	$= 1\,\frac{\text{kp}}{\text{m}^2} = 9{,}81$ Pa ≈ 10 Pa

Einheiten der Arbeit, Energie und Wärme

$1\ \text{J} = 1\ \text{N}\cdot\text{m} = 1\ \text{W}\cdot\text{s}$

1 cal = 4,19 J
1 kp · m = 9,81 N · m

$1\ \text{kW}\cdot\text{h} = 3600000\ \text{W}\cdot\text{s} = 2{,}25\cdot 10^{25}\ \text{eV}$

$1\ \text{eV} = \frac{1{,}6}{10^{19}}\ \text{W}\cdot\text{s} = \frac{4{,}45}{10^{26}}\ \text{kW}\cdot\text{h}$

$1\ \text{W}\cdot\text{s} = 6{,}24\cdot 10^{18}\ \text{eV}$

Einheiten der Leistung

$1\ \text{W} = 1\,\frac{\text{J}}{\text{s}} = 1\,\frac{\text{N}\cdot\text{m}}{\text{s}}$

1 PS = 736 W = 0,736 kW

$1\,\frac{\text{kp}\cdot\text{m}}{\text{s}} = 9{,}81\,\frac{\text{N}\cdot\text{m}}{\text{s}}$

$1\,\frac{\text{kcal}}{\text{h}} = 1{,}16\,\frac{\text{J}}{\text{s}}$

Die Einheiten kp, p, atm, Torr, mm WS, $\frac{\text{kp}}{\text{m}^2}$, cal, kp · m, PS, $\frac{\text{kp}\cdot\text{m}}{\text{s}}$ und $\frac{\text{kcal}}{\text{h}}$ sind nicht mehr zu verwenden; sie sind nicht mehr gültig. In der Meteorologie wird seit 1984 die Einheit Hektopascal (hPa) benutzt.

Schallgeschwindigkeiten in Stoffen (Richtwerte für 20 °C und 101,3 kPa)

Feste Stoffe	v in $\frac{\text{m}}{\text{s}}$	Flüssigkeiten und Gase	v in $\frac{\text{m}}{\text{s}}$
Aluminium	5100	Benzin	1160
Beton	3800	Wasser bei 4 °C	1400
Blei	1300	Wasser bei 20 °C	1484
Eis	3230	Kohlendioxid	260
Glas	4000 bis 5500	Luft bei 0 °C	331
Gummi	40	Luft bei 10 °C	337
Kupfer	3900	Luft bei 20 °C	343
Stahl	5100	Luft bei 30 °C	349
Ziegelmauerwerk	3600	Wasserstoff	1280

Der elektrische Strom ist die gerichtete Bewegung von Ladungsträgern im elektrischen Feld.

Lichtgeschwindigkeiten in Stoffen

Stoff	c in $\frac{\text{km}}{\text{s}}$	Stoff	c in $\frac{\text{km}}{\text{s}}$
Diamant	125000	Kohlenstoffdisulfid	184000
Flintglas	186000	Wasser	225000
Kronglas	200000	Luft	299711
Polystyren	189000	Vakuum	299792

Reibungszahlen

Werkstoff	Haftreibungszahl μ_0	Gleitreibungszahl μ
Beton auf Kies Beton auf Sand	0,87 0,56	
Gummireifen auf Asphalt, trocken Gummireifen auf Asphalt, naß	< 0,9 < 0,5	< 0,3 < 0,15
Gummireifen auf Beton, trocken Gummireifen auf Beton, naß	< 1,0 < 0,6	< 0,5 < 0,3
Holz auf Holz	0,65	0,35
Leder auf Metall (Dichtungen)	0,60	0,25
Metall auf Holz	0,55	0,35
Stahl auf Eis Stahl auf Stahl (trocken)	0,02 0,15	0,01 0,10

Dichten (bei 20 °C)

(Vergleiche auch mit den Angaben auf den Seiten 59 bis 63)

Stoff	ϱ in $\frac{g}{cm^3}$
Beton (Stahlbeton) Bronze Diamant	2,3 8,8 3,5
Fensterglas Glycerol Graphit	2,6 1,26 2,25
Hartgummi Holz (Eiche, trocken) Konstantan	1,2 0,7 8,8

Stoff	ϱ in $\frac{g}{cm^3}$
Luft (bei 101,3 kPa und 0 °C) Mauerwerk Petroleum	0,00129 1,7 0,8
Porzellan Polystyren Quarzglas	2,3 1,1 2,2
Stahl Wasser Wolfram	7,8 1,0 19,3

Eigenschaften von festen Stoffen

Stoff	Linearer Ausdehnungskoeffizient α in $\frac{1}{K}$	Schmelztemperatur ϑ_s in °C (bei 101,3 kPa)	Siedetemperatur ϑ_v in °C (bei 101,3 kPa)	Spezifische Wärmekapazität c in $\frac{kJ}{kg \cdot K}$	Spezifische Schmelzwärme q_s in $\frac{kJ}{kg}$
Aluminium	0,000023	660	≈ 2500	0,90	397
Beton (Stahlbeton)	0,000012			0,92	
Bismut	0,000014	271	1560	0,12	52
Blei	0,000029	327	1755	0,13	26
Bronze	0,000018	900		0,39	
Diamant	0,000001	3540	4347	0,46	

Stoff	Linearer Ausdehnungskoeffizient α in $\frac{1}{K}$	Schmelztemperatur ϑ_s in °C (bei 101,3 kPa)	Siedetemperatur ϑ_v in °C (bei 101,3 kPa)	Spezifische Wärmekapazität c in $\frac{kJ}{kg \cdot K}$	Spezifische Schmelzwärme q_s in $\frac{kJ}{kg}$
Fensterglas	0,000010			0,86	
Gold	0,000014	1063	2677	0,13	65
Graphit	0,000002	3805	4347	0,49	
Holz (Eiche)	0,000008			2,39	
Konstantan	0,000015			0,41	
Kupfer	0,000016	1083	2595	0,39	176
Magnesium	0,000026	650	1110	0,92	382
Mauerwerk	0,000005			0,86	
Platin	0,000009	1773	3827	0,13	113
Porzellan	0,000004			0,73	
Quarzglas	0,000001	1700		0,73	
Silber	0,000020	961	2180	0,23	104
Stahl	0,000013	≈ 1500		≈ 0,47	
Wolfram	0,000004	3350	5900	0,13	192
Zink	0,000036	419	907	0,39	111
Zinn	0,000027	232	2430	0,22	59

Eigenschaften von Flüssigkeiten

Stoff	Kubischer Ausdehnungskoeffizient γ in $\frac{1}{K}$	Schmelztemperatur ϑ_s in °C (bei 101,3 kPa)	Siedetemperatur ϑ_v in °C (bei 101,3 kPa)	Spezifische Wärmekapazität c in $\frac{kJ}{kg \cdot K}$	Spezifische Schmelzwärme q_s in $\frac{kJ}{kg}$	Spezifische Verdampfungswärme q_v in $\frac{kJ}{kg}$ (bei 101,3 kPa)
Aceton	0,0014	− 95	56	2,10	82	520
Benzen	0,0011	5	80	1,70	127	394
Diethylether	0,0016	− 123	35	2,35	98	384
Ethanol	0,0011	− 114	78	2,40	108	842
Glycerol	0,0005	18	290	2,40	—	—
Methanol	0,0011	− 98	65	2,40	69	1102
Petroleum	0,0009	—	—	2,00	—	—
Quecksilber	0,00018	− 39	357	0,14	11	285
Trichlormethan	0,00128	− 64	61	0,95	75	245
Wasser	0,00018	0	100	4,186	334	2260

Eigenschaften von Gasen

Stoff	Schmelztemperatur ϑ_s in °C (bei 101,3 kPa)	Siedetemperatur ϑ_v in °C (bei 101,3 kPa)	Spezifische Wärmekapazität bei konstantem Volumen c_v in $\frac{kJ}{kg \cdot K}$	Spezifische Wärmekapazität bei konstantem Druck c_p in $\frac{kJ}{kg \cdot K}$	Spezifische Verdampfungswärme q_v in $\frac{kJ}{kg}$
Ammoniak	– 78	– 33	1,56	2,05	1370
Helium	– 270	– 269	3,16	5,24	25
Kohlendioxid	– 57	– 78	0,75	1,05	574
Luft	– 213	– 193	0,72	1,01	190
Sauerstoff	– 219	– 183	0,65	0,92	213
Stickstoff	– 210	– 196	0,75	1,04	198
Wasserstoff	– 259	– 253	10,13	14,27	455

Heizwerte einiger Brennstoffe

Feste Brennstoffe	H in $\frac{MJ}{kg}$	Flüssige Brennstoffe	H in $\frac{MJ}{l}$	Technische Gase	H in $\frac{kJ}{l}$
Anthrazit	31	Benzen	35	Erdgas (trocken)	19 bis 34
Braunkohle (weich)	8,5	Dieselkraftstoff	35 bis 38	Propan	186
Briketts	20	Heizöl	44	Stadtgas	14 bis 18
Braunkohlenschwelkoks	23	Spiritus	32	Wassergas	11
Holz (trocken)	15	Vergaserkraftstoff	32 bis 38		
Torf (trocken)	15				
Steinkohle	29				
Zechenkoks	29				

Spezifische elektrische Widerstände (bei 20 °C)

Metalle *	ϱ in $\frac{\Omega \cdot mm^2}{m}$	Widerstandslegierungen	ϱ in $\frac{\Omega \cdot mm^2}{m}$	Isolierstoffe	ϱ in $\frac{\Omega \cdot cm^2}{cm}$
Aluminium	0,028	Chromnickel	1,20	Bernstein	$> 10^{18}$
Blei	0,21	Eisen, legiert (4 Si)	0,50	Glas	10^{13} bis 10^{14}
Eisen	0,10	Konstantan	0,50	Glimmer	10^{15} bis 10^{17}
Gold	0,022	Manganin	0,43	Holz (trocken)	10^{11} bis 10^{15}
Kupfer	0,017	Nickelin	0,40	Paraffin	10^{16} bis 10^{18}
Quecksilber	0,96	Stahlguß	0,18	Polyethylen	10^{12} bis 10^{15}
Silber	0,016			Polystyren	bis 10^{18}
Wolfram	0,053			Polyvinylchlorid	bis 10^{15}
Zinn	0,10			Porzellan	bis 10^{15}
				Piacryl	bis 10^{15}
				Transformatorenöl	10^{12} bis 10^{15}

* Richtwerte: Es gilt

$$1\,\frac{\Omega \cdot mm^2}{m} = \frac{1}{10^6}\,\Omega \cdot m \text{ und } 1\,\frac{\Omega \cdot cm^2}{cm} = 1\,\Omega \cdot cm$$

Elektromagnetisches Spektrum

Bezeichnung	Frequenz f in Hz	Wellenlänge λ
Wechselstrom	$16\,^2/_3$ bis 10^2	18000 km bis 3000 km
Leitungstelefonie	10^2 bis 10^4	3000 km bis 30 km
Hertzsche Wellen	10^4 bis 10^{13}	30 km bis 0,03 mm
Langwellen	$1{,}5 \cdot 10^5$ bis $3 \cdot 10^5$	2000 m bis 1000 m
Mittelwellen	$0{,}5 \cdot 10^6$ bis $2 \cdot 10^6$	600 m bis 150 m
Kurzwellen	$0{,}6 \cdot 10^7$ bis $2 \cdot 10^7$	50 m bis 15 m
Ultrakurzwellen	10^8 bis $3 \cdot 10^8$	30 m bis 1 m
Mikrowellen	$3 \cdot 10^8$ bis 10^{13}	1 m bis 0,03 mm
Lichtwellen	10^{12} bis $5 \cdot 10^{16}$	0,3 mm bis 5 nm
infrarotes Licht	10^{12} bis $3{,}9 \cdot 10^{14}$	0,3 mm bis 770 nm
sichtbares Licht	$3{,}9 \cdot 10^{14}$ bis $7{,}7 \cdot 10^{14}$	770 nm bis 390 nm
– Rot	$3{,}9 \cdot 10^{14}$ bis $4{,}7 \cdot 10^{14}$	770 nm bis 640 nm
– Orange	$4{,}7 \cdot 10^{14}$ bis $5 \cdot 10^{14}$	640 nm bis 600 nm
– Gelb	$5 \cdot 10^{14}$ bis $5{,}3 \cdot 10^{14}$	600 nm bis 570 nm
– Grün	$5{,}3 \cdot 10^{14}$ bis $6{,}1 \cdot 10^{14}$	570 nm bis 490 nm
– Blau	$6{,}1 \cdot 10^{14}$ bis $6{,}5 \cdot 10^{14}$	490 nm bis 460 nm
– Indigo	$6{,}5 \cdot 10^{14}$ bis $7 \cdot 10^{14}$	460 nm bis 430 nm
– Violett	$7 \cdot 10^{14}$ bis $7{,}7 \cdot 10^{14}$	430 nm bis 390 nm
ultraviolettes Licht	$7{,}7 \cdot 10^{14}$ bis $5 \cdot 10^{16}$	390 nm bis 5 nm
Röntgenstrahlen	$3 \cdot 10^{16}$ bis $3 \cdot 10^{20}$	10 nm bis 1 pm
Gammastrahlen	10^{18} bis 10^{22}	300 pm bis 0,03 pm
Kosmische Strahlen	10^{22} bis 10^{24}	0,03 pm bis 0,0003 pm

Kernstrahlung

Radionuklid	Art der Strahlung	Halbwertszeit t in Jahren	Energie * in MeV
Natrium-**22**	β^+	**2,6**	0,54
	γ		1,28
Kobalt-**60**	γ	**5,3**	1,17; 1,33
	β^-		0,3
Krypton-**85**	β^-	10,6	0,67
Caesium-**137**	γ	30	0,66
	β^-		0,51
Blei-**210** (Ra-D)	α	**22**	5,3
	β^-		0,5
	γ		0,05
Plutonium-**236**	α	2,7	5,01
Americium-**241**	α	**458**	5,5
	γ		0,06

* Bei der β-Strahlung ist die maximale Energie angegeben.

Schaltzeichen der Elektrotechnik

Galvanische Spannungsquelle	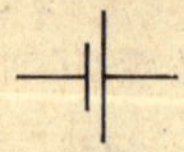	Gleichspannung	
Buchse	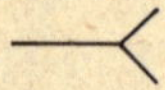	Wechselspannung	
Stecker	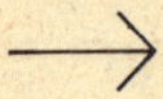	Spannungsmesser	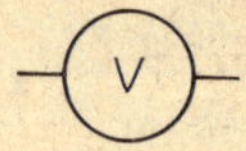
Erdung		Strommesser	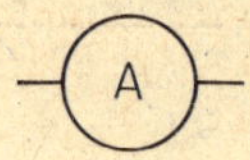
Transformator mit Kern	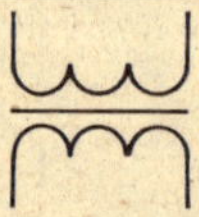	Lautsprecher	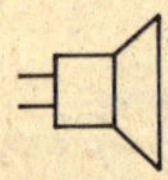
Generator	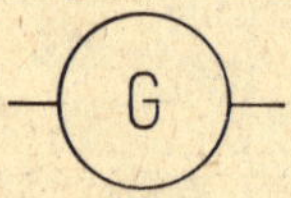	Motor	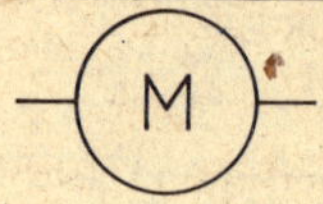
Schalter		Relais	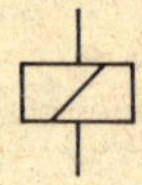
Widerstand, allgemein		Spule, allgemein	
Widerstand, verstellbar		Spule mit Eisenkern	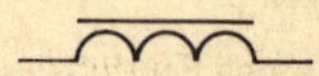
Glühlampe		Glimmlampe	
Fotowiderstand	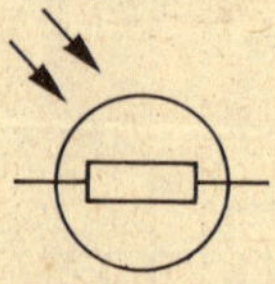	Fotozelle	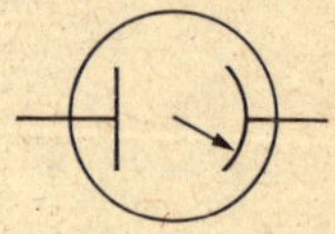
Halbleiterdiode	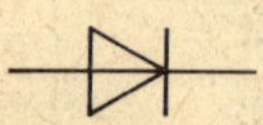	Röhrendiode	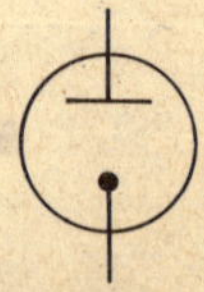

p-n-p-Transistor, n-p-n-Transistor	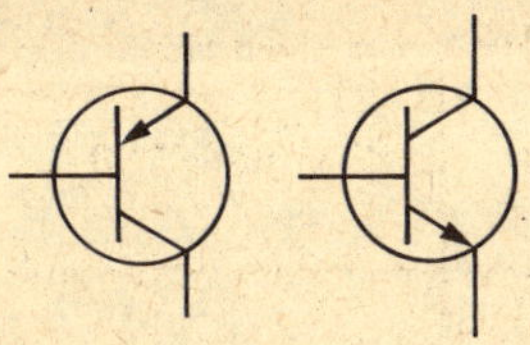	Röhrentriode	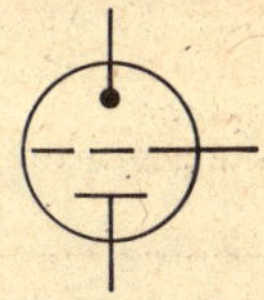
Kondensator	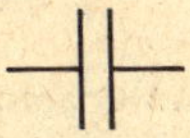	Zählrohr	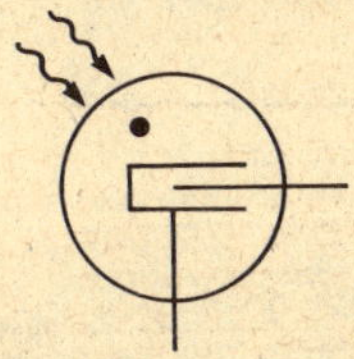

Statik

Druck

$$p = \frac{F}{A} \ (F \perp A)$$

Gewichtskraft

$$F_G = m \cdot g$$

Kraftmoment, Drehmoment

$$M = F \cdot r \ \left(\text{für } \vec{r} \perp \vec{F}\right)$$

Zusammensetzung von zwei Kräften $\vec{F}_1$ und $\vec{F}_2$

$\vec{F}_1$ und $\vec{F}_2$ sind gleich gerichtet $F_R = F_1 + F_2$ F_R: resultierende Kraft 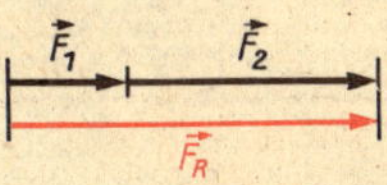 	$\vec{F}_1$ und $\vec{F}_2$ sind entgegengesetzt gerichtet $F_R = F_1 - F_2$ 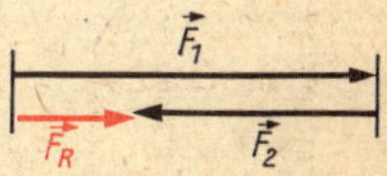
$\vec{F}_1$ und $\vec{F}_2$ stehen senkrecht aufeinander $F_R = \sqrt{F_1^2 + F_2^2}$  	$\vec{F}_1$ und $\vec{F}_2$ bilden einen beliebigen Winkel miteinander $F_R = \sqrt{F_1^2 + F_2^2 + 2F_1F_2 \cdot \cos\alpha}$ 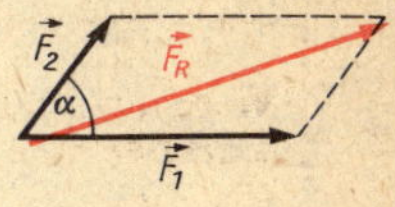

Kraftumformende Einrichtungen

Feste Rolle	Lose Rolle	Flaschenzug
$F_{Zug} = F_{Hub}$ $s_{Zug} = s_{Hub}$ 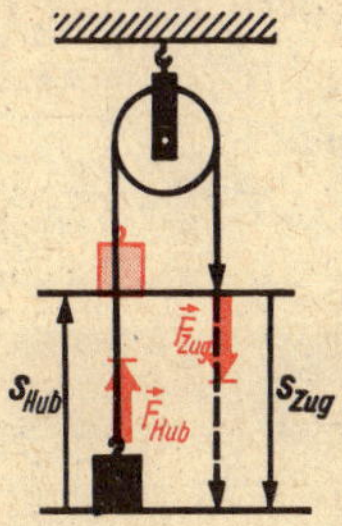 	$F_{Zug} = \frac{F_{Hub}}{2}$ $s_{Zug} = 2\,s_{Hub}$ 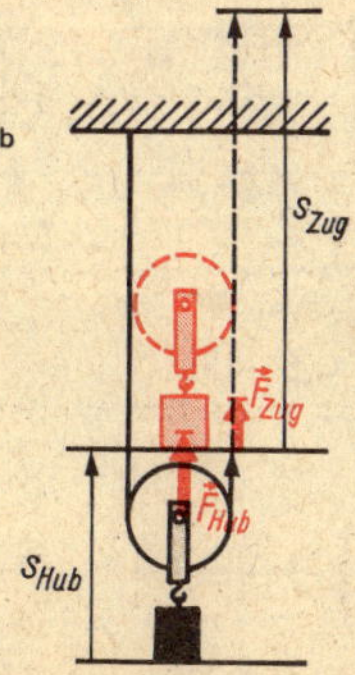 	$F_{Zug} = \frac{F_{Hub}}{n}$ $s_{Zug} = n\,s_{Hub}$ n: Anzahl der tragenden Seile 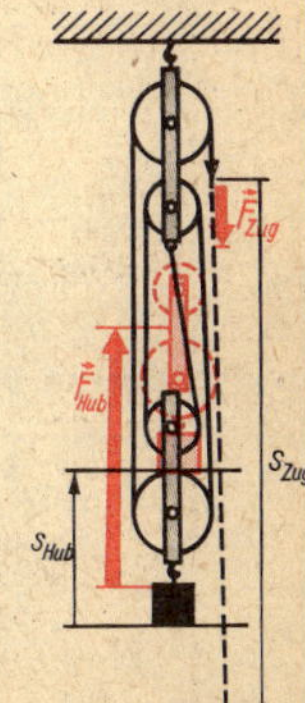

Hebel	Geneigte Ebene	Goldene Regel der Mechanik
$\frac{F_1}{F_2} = \frac{l_2}{l_1}$ l_1, l_2: Länge der Kraftarme 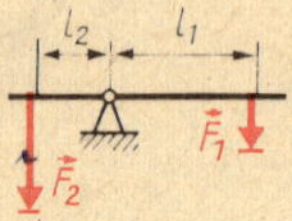	$\frac{F_H}{F_G} = \frac{h}{l}$ $F_H = F_G \sin \alpha$ F_H: Hangabtriebskraft 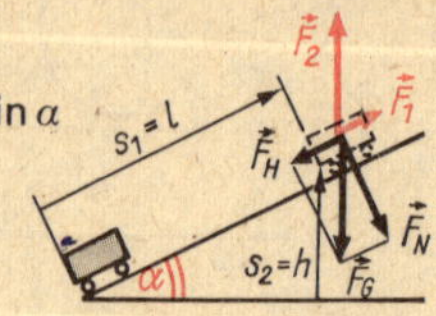	$F_1 \cdot s_1 = F_2 \cdot s_2$

Kinematik

Geschwindigkeit

Gleichförmige Bewegung	Ungleichförmige Bewegung
$v = \frac{\Delta s}{\Delta t}$; $v = \frac{s}{t}$	$\bar{v} = \frac{\Delta s}{\Delta t}$ ($\bar{v}$: Durchschnittsgeschwindigkeit)

Beschleunigung

Gleichmäßig beschleunigte Bewegung	Ungleichmäßig beschleunigte Bewegung
$a = \frac{\Delta v}{\Delta t}$; $a = \frac{v}{t}$	$\bar{a} = \frac{\Delta v}{\Delta t}$ ($\bar{a}$: mittlere Beschleunigung)

Drehzahl

Drehbewegung: $n = \frac{1}{T}$ T: Umlaufzeit

Zusammensetzung von zwei Geschwindigkeiten $\vec{v_1}$ und $\vec{v_2}$

$\vec{v_1}$ und $\vec{v_2}$ sind gleich gerichtet 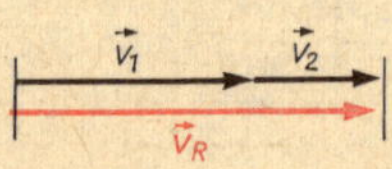 $v_R = v_1 + v_2$ v_R: resultierende Geschwindigkeit	$\vec{v_1}$ und $\vec{v_2}$ sind entgegengesetzt gerichtet 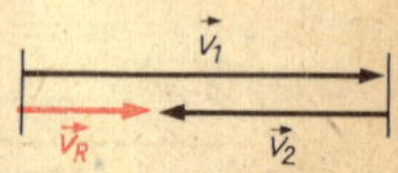 $v_R = v_1 - v_2$
$\vec{v_1}$ und $\vec{v_2}$ stehen senkrecht aufeinander 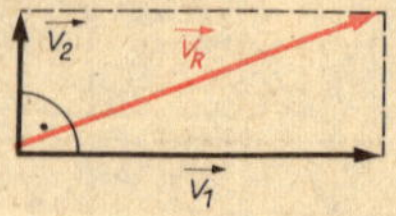 $v_R = \sqrt{v_1^2 + v_2^2}$	$\vec{v_1}$ und $\vec{v_2}$ bilden einen beliebigen Winkel miteinander 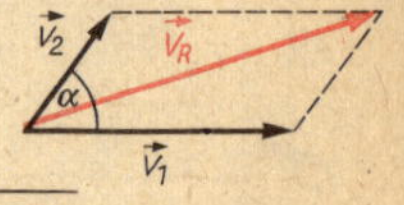 $v_R = \sqrt{v_1^2 + v_2^2 + 2 v_1 v_2 \cos \alpha}$

Bewegungsgesetze

Gesetz	Gleichförmige Bewegung	Gleichmäßig beschleunigte Bewegung
Weg-Zeit-Gesetz	$s = v \cdot t$	$s = \frac{a}{2} \cdot t^2$
Geschwindigkeit-Zeit-Gesetz	$v = \text{konst.}$	$v = a \cdot t$

Bewegungsart	Weg	Geschwindigkeit	Beschleunigung
Gleichförmige Bewegung	$s = v \cdot t$	$v =$ konstant $v = \frac{s}{t}$	$a = 0$
Gleichmäßig beschleunigte Bewegung $v_0 = 0$; $s_0 = 0$ v_0: Anfangsgeschwindigkeit s_0: Anfangsweg	$s = \frac{a}{2} \cdot t^2$ $s = \frac{v \cdot t}{2}$	$v = a \cdot t$ $v = \sqrt{2a \cdot s}$	$a =$ konst. $a = \frac{v}{t}$
Gleichförmige Kreisbewegung		Bahngeschwindigkeit $v = \frac{s}{t} = \frac{2\pi \cdot r}{T}$	Radialbeschleunigung $a_r = \frac{v^2}{r}$

Dynamik

Grundgesetz der Dynamik für die Translation

$F \sim a;\ F = m \cdot a$

Kreisbewegung eines Massepunktes

Radialbeschleunigung	Radialkraft
$a_r = \frac{v^2}{r}$	$F_r = m \cdot a_r;\ F_r = m \cdot \frac{v^2}{r};\ F = m \cdot \frac{4\pi^2 \cdot r}{T^2}$

Rotation eines starren Körpers

Kraftmoment, Drehmoment $M = F \cdot r$ (für $\vec{r} \perp \vec{F}$)

Reibungskraft

Gleitreibung	Rollreibung
$F_R = \mu \cdot F_N$ (Auf waagerechter Bahn gilt: $F_N = F_G$) F_R: Reibungskraft F_N: Normalkraft μ: Reibungszahl der Gleitreibung	$F_R = \mu_r \cdot \frac{F_N}{r}$ μ_r: Reibungszahl der Rollreibung r: Radius des rollenden Körpers

Arbeit und Energie

Mechanische Arbeit *W*

Gesetz	Bedingung
$W = F \cdot s$	$F =$ konst.; $\sphericalangle(\vec{F}, \vec{s}) = 0$
$W = F \cdot s \cdot \cos\alpha$	$F =$ konst.; $\sphericalangle(\vec{F}, \vec{s}) = \alpha \neq 0$

Hubarbeit

$W_{Hub} = F_G \cdot s_{Hub}$ $\qquad$ $W_{Hub} = m \cdot g \cdot h$

Reibungsarbeit

$W_R = F_R \cdot s;$ $\qquad$ $W_R = \mu \cdot F_N \cdot s$

Beschleunigungsarbeit

$W_B = F_B \cdot s;$ $\qquad$ $W_B = m \cdot a \cdot s$

F_B: Beschleunigende Kraft

Federspannarbeit

$W_F = \frac{1}{2} F_E \cdot s$

F_E: Endkraft

Mechanische Energie

Potentielle Energie eines Körpers im erdnahen Gravitationsfeld	$E_{pot} = F_G \cdot h$ $E_{pot} = m \cdot g \cdot h$
Potentielle Energie einer gespannten Feder	$E_{pot} = \frac{1}{2} F_E \cdot s$
Kinetische Energie eines Körpers bei der Translation	$E_{kin} = \frac{1}{2} m \cdot v^2$

Gesetz von der Erhaltung der mechanischen Energie

In einem abgeschlossenen reibungsfreien mechanischen System gilt
$E_{ges} = E_{pot} + E_{kin} = \text{konst.};$ $\qquad$ $E_{pot,a} + E_{kin,a} = E_{pot,e} + E_{kin,e}$
$E_{pot,a}$: Potentielle Energie am Anfang der Energieumwandlung
$E_{kin,e}$: Kinetische Energie am Ende der Energieumwandlung

Leistung

$P = \frac{W}{t}$ (für $W = \text{konst.}$); $\qquad$ $P = F \cdot v$ (für $v = \text{konst.}$)

Wirkungsgrad

$\eta = \frac{E_{nutz.}}{E_{aufgew.}}$ $\qquad$ $E_{nutz.}$: Nutzbare Energie
$E_{aufgew.}$: Aufgewandte Energie

Gravitation

Gravitationsgesetz

$F = \gamma \cdot \frac{m_1 \cdot m_2}{r^2}$ $\qquad$ γ: Gravitationskonstante

Kosmische Geschwindigkeiten

1. kosmische Geschwindigkeit (Kreisbahngeschwindigkeit, Bahngeschwindigkeit von Satelliten)	$v_k = \sqrt{\frac{\gamma \cdot m}{r}}$ $v_{k,Erde} \approx 7{,}9 \frac{km}{s}$
2. kosmische Geschwindigkeit (Parabelbahngeschwindigkeit)	$v_p = \sqrt{\frac{2\gamma \cdot m}{r}}$ $v_{p,Erde} \approx 11{,}2 \frac{km}{s}$

Keplersche Gesetze

Erstes Keplersches Gesetz	Alle Planeten bewegen sich auf Ellipsenbahnen, in deren einem Brennpunkt die Sonne steht.
Zweites Keplersches Gesetz	$\frac{\Delta A}{\Delta t} = \text{konst.}$ $\frac{\Delta A_1}{\Delta t_1} = \frac{\Delta A_2}{\Delta t_2}$ 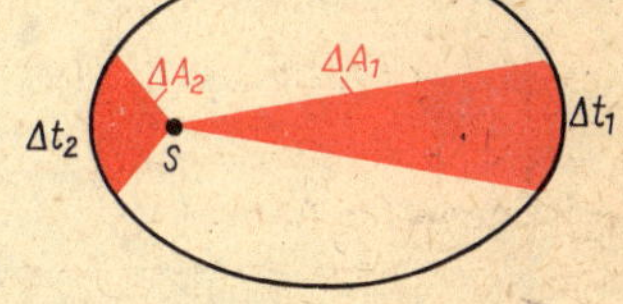
Drittes Keplersches Gesetz	$\frac{T_1^2}{T_2^2} = \frac{a_1^3}{a_2^3}$ T: Umlaufzeit a: große Halbachse der Planetenbahn

Mechanik der Flüssigkeiten und Gase

Gasdruck

$$p = \frac{F}{A}\ (F \perp A)$$

Dichte

$$\varrho = \frac{m}{V}$$

Kolbendruck

$$p = \frac{F}{A}\ (F \perp A)$$

Schweredruck

$$p = \frac{F_G}{A};\ p = \varrho \cdot g \cdot h$$

Auflagedruck

$$p = \frac{F}{A}$$

Hydraulische Anlagen

$$\frac{F_P}{F_A} = \frac{A_P}{A_A}$$

(bei Vernachlässigung der Reibung)

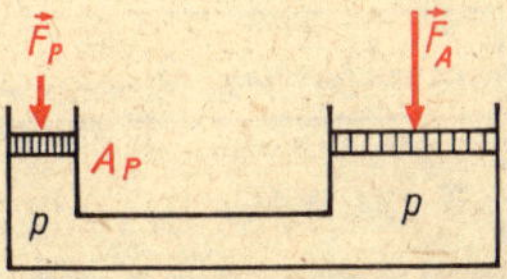

F_P: Kraft am Pumpenkolben
A_P: Fläche des Pumpenkolbens
F_A: Kraft am Arbeitskolben
A_A: Fläche des Arbeitskolbens

Stationäre Strömung

$$\frac{A_1}{A_2} = \frac{v_2}{v_1}$$

Gleichstrom

Elektrische Stromstärke

$$I = \frac{Q}{t}$$

Elektrische Spannung

$$U = \frac{W}{Q}$$

Elektrischer Widerstand

$$R = \frac{U}{I}$$

Ohmsches Gesetz

$U \sim I$; $R = \text{konst.}$

(Bei konstanter Temperatur)

Widerstandsgesetz

$R = \frac{\varrho \cdot l}{A}$ (Bei konstanter Temperatur)

ϱ: spezifischer elektrischer Widerstand (↗ 42)

Elektrische Arbeit (Joulesches Gesetz)

$W_{el} = U \cdot I \cdot t$; $W_{el} = I^2 \cdot R \cdot t$; $W_{el} = \frac{U^2 \cdot t}{R}$

Elektrische Leistung

$P_{el} = U \cdot I$; $P_{el} = I^2 \cdot R$; $P_{el} = \frac{U^2}{R}$

Unverzweigter und verzweigter Stromkreis

Art des Stromkreises	Unverzweigter Stromkreis (Reihenschaltung von Widerständen)	Verzweigter Stromkreis (Parallelschaltung von Widerständen)
Schaltplan	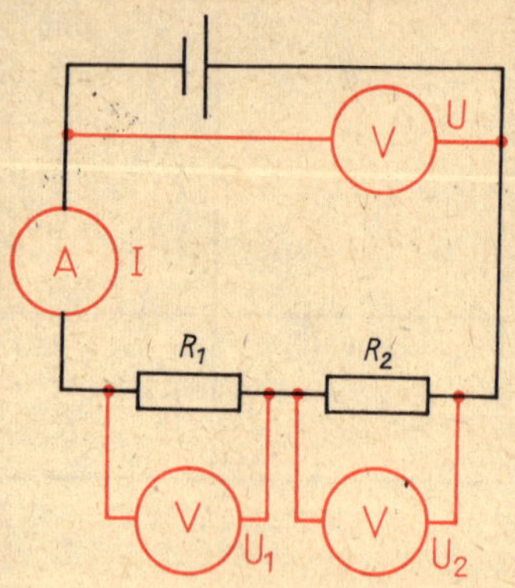	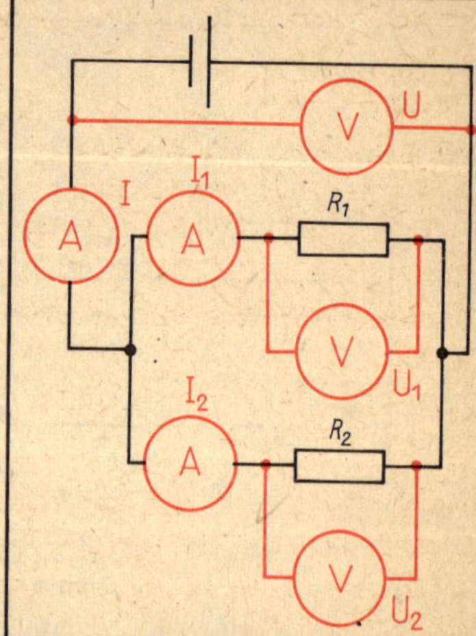
Elektrische Stromstärke	$I = I_1 = I_2$	$I = I_1 + I_2$
Elektrische Spannung	$U = U_1 + U_2$	$U = U_1 = U_2$
Elektrischer Widerstand	$R = R_1 + R_2$	$\frac{1}{R} = \frac{1}{R_1} + \frac{1}{R_2}$; $R = \frac{R_1 \cdot R_2}{R_1 + R_2}$
Strom- bzw. Spannungsteilung	Spannungsteilerregel $\frac{U_1}{U_2} = \frac{R_1}{R_2}$ (I = konst.)	Stromteilerregel $\frac{I_1}{I_2} = \frac{R_2}{R_1}$ (U = konst.)

Elektrostatisches Feld

Kraft zwischen Ladungen (Coulombsches Gesetz)

$$F = \frac{1}{4 \cdot \pi \cdot \varepsilon} \cdot \frac{Q_1 \cdot Q_2}{r^2}$$

ε: Dielektrizitätskonstante (↗ 3. Umschlagseite)

Elektrische Feldstärke

$$E = \frac{F}{Q}$$

Für das homogene Feld des Plattenkondensators gilt: $E = \frac{U}{s}$.
s: Abstand der Platten

Kapazität eines Kondensators

$$C = \frac{Q}{U}$$

Für den Plattenkondensator gilt: $C = \varepsilon \cdot \frac{A}{s}$.

ε: Dielektrizitätskonstante
A: Plattenfläche
s: Abstand der Flächen

Wechselstrom

Momentanwert der Wechselspannung

$u = u_{max} \cdot \sin(\omega \cdot t)$ — u_{max}: Maximalwert der Wechselspannung

Momentanwert der Wechselstromstärke

$i = i_{max} \cdot \sin(\omega \cdot t)$ — i_{max}: Maximalwert der Wechselstromstärke

Effektivwert der Wechselspannung

$U = \frac{1}{2}\sqrt{2} \cdot u_{max}$ — $U \approx 0{,}7\, u_{max} = \frac{7}{10} u_{max}$

Effektivwert der Wechselstromstärke

$I = \frac{1}{2}\sqrt{2} \cdot i_{max}$ — $I \approx 0{,}7\, i_{max} = \frac{7}{10} i_{max}$

Widerstand

Ohmscher Widerstand R	Induktiver Widerstand X_L	Kapazitiver Widerstand X_C
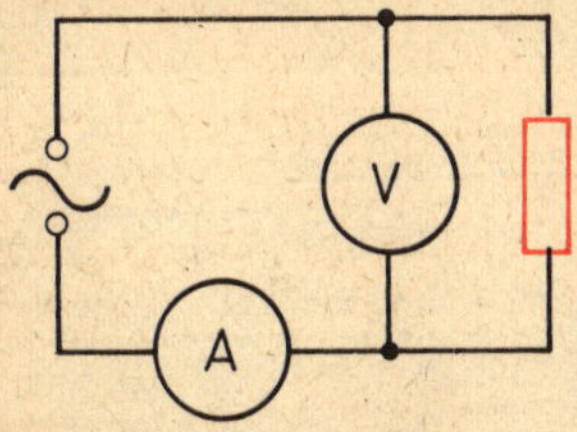	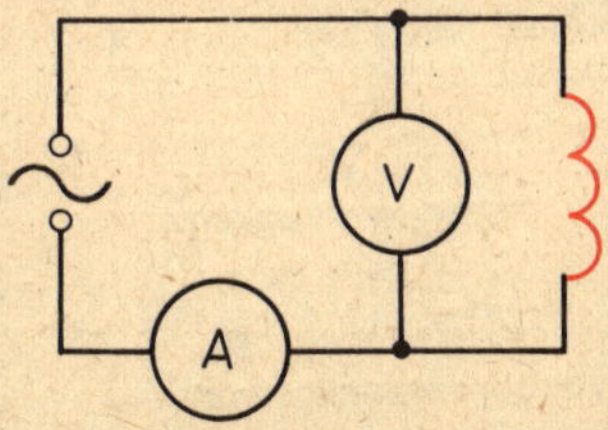	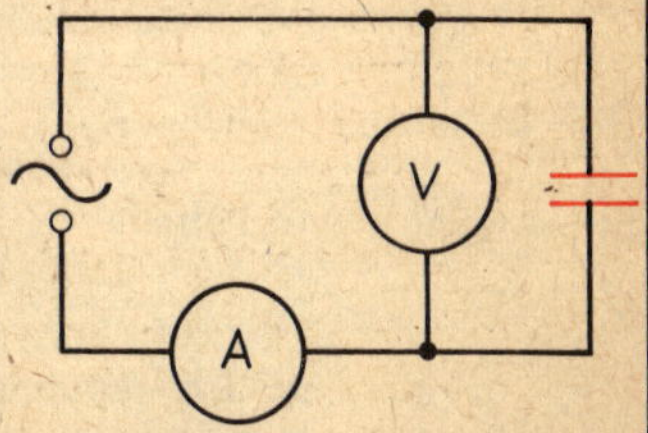
$R = \frac{U}{I}$	$X_L = \omega \cdot L$	$X_C = \frac{1}{\omega \cdot C}$

Leistungsfaktor	$\cos\varphi = \frac{P_W}{P_s}$	P_s: Scheinleistung P_W: Wirkleistung
Wirkleistung	$P_W = U \cdot I \cdot \cos\varphi = P_s \cdot \cos\varphi$	
Wirkarbeit	$W_W = P_W \cdot t = U \cdot I \cdot \cos\varphi \cdot t$	

Spannungsverhältnis am Transformator

$$\frac{U_1}{U_2} = \frac{N_1}{N_2}$$

Bedingung: Sekundärstromkreis offen ($I_2 = 0$)

U_1: Primärspannung
U_2: Sekundärspannung
N_1: Windungszahl der Primärspule
N_2: Windungszahl der Sekundärspule

Stromstärkeverhältnis am Transformator

$$\frac{I_1}{I_2} = \frac{N_2}{N_1}$$

Bedingung: Sekundärstromkreis ist kurzgeschlossen ($I_2 \neq 0$)

I_1: Primärstromstärke
I_2: Sekundärstromstärke
N_1: Windungszahl der Primärspule
N_2: Windungszahl der Sekundärspule

Thermodynamik

Gleichung zur Berechnung der Wärme

$Q = c \cdot m \cdot \Delta T$

Leistung von Wärmequellen

$P_{th} = \frac{Q_{ab}}{t}$ Q_{ab}: abgegebene Wärme
t: Betriebsdauer

Feste Stoffe und Flüssigkeiten

Spezifische Schmelzwärme	$q_s = \frac{Q_s}{m}$	Q_s: Schmelzwärme
Spezifische Verdampfungswärme	$q_v = \frac{Q_v}{m}$	Q_v: Verdampfungswärme

Ideales Gas

Druck-Volumen-Gesetz (Boylesches Gesetz)	$\frac{p_1}{p_2} = \frac{V_2}{V_1}$	(T = konst.)	
Druck-Temperatur-Gesetz	$\frac{p_1}{p_2} = \frac{T_1}{T_2}$	(V = konst.)	
Volumen-Temperatur-Gesetz	$\frac{V_1}{V_2} = \frac{T_1}{T_2}$	(p = konst.)	Index 1: Anfangsgröße Index 2: Endgröße

Schwingungen

Schwingungsdauer, Periode

$T = \frac{t}{n}$; $T = \frac{1}{f}$

n: Anzahl der Schwingungen

Frequenz

$f = \frac{n}{t}$; $f = \frac{1}{T}$

Kreisfrequenz

$\omega = 2\pi \cdot f$; $\omega = \frac{2\pi}{T}$

Harmonische Schwingungen

Momentanwert (Elongation) einer sich zeitlich periodisch verändernden physikalischen Größe	$y = y_{max} \sin(\omega \cdot t)$ y_{max}: Amplitude
Schwingungsdauer eines Pendelschwingers (kleiner Ausschlag, $\alpha < 5°$; Massenpunkt)	$T = 2\pi\sqrt{\frac{l}{g}}$
Schwingungsdauer eines Federschwingers	$T = 2\pi\sqrt{\frac{m}{k}}$ k: Federkonstante
Schwingungsdauer für ungedämpfte harmonische Schwingungen eines elektrischen Schwingkreises (Thomsonsche Schwingungsgleichung)	$T = 2\pi\sqrt{L \cdot C}$ $f = \frac{1}{2\pi\sqrt{L \cdot C}}$

Wellen

Grundgleichung der Wellenausbreitung

$v = \lambda \cdot f$

v: Ausbreitungsgeschwindigkeit

Reflexionsgesetz

$\alpha = \alpha'$

α: Einfallswinkel

α': Reflexionswinkel

Strahlenoptik

Reflexionsgesetz

$\alpha = \alpha'$

α: Einfallswinkel
α': Reflexionswinkel

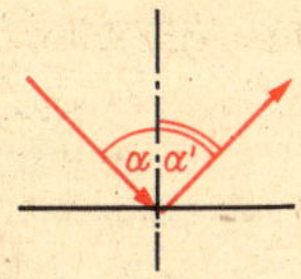

Brechungsgesetz

$\frac{\sin\alpha}{\sin\beta} = \frac{c_1}{c_2}$

α: Einfallswinkel
β: Brechungswinkel
c_1, c_2: Lichtgeschwindigkeit im jeweiligen Medium

Wellenoptik

Ausbreitungsgeschwindigkeit einer Lichtwelle

$c = \lambda \cdot f$

Atomphysik

Atomare Masseeinheit (↗ 3. Umschlagseite)	$1\,u = \frac{1}{12} m_A \left({}^{12}_{6}C\right)$	m_A: absolute Atommasse
Relative Atommasse	$A_r = \frac{mA}{u}$	Z: Protonenanzahl, Ordnungszahl
Massenzahl	$A = Z + N$	N: Neutronenanzahl

Astronomie

Astronomische Einheit (AE)	$1\,\text{AE} = 149{,}6 \cdot 10^6\,\text{km}$
Parsec (pc)	$1\,\text{pc} = 30{,}86 \cdot 10^{12}\,\text{km}$ $= 206\,265\,\text{AE} \approx 3{,}26\,\text{ly}$
Lichtjahr (ly)	$1\,\text{ly} = 9{,}461 \cdot 10^{12}\,\text{km} = 0{,}3067\,\text{pc}$
Gravitationskonstante	$\gamma = 6{,}670 \cdot 10^{-11}\,\text{N} \cdot \text{m}^2 \cdot \text{kg}^{-2}$
Lichtgeschwindigkeit im Vakuum	$c' = 299792\,\text{km} \cdot \text{s}^{-1}$ $\approx 3 \cdot 10^8\,\text{m} \cdot \text{s}^{-1}$

Die Erde

Neigung der Erdachse (1970) Radius (Äquator) (Pol) (mittlerer)	$\varepsilon = 23°\,26'\,35{,}5'' \approx 23{,}5°$ $a \approx 6{,}378 \cdot 10^3\,\text{km}$ $b \approx 6{,}357 \cdot 10^3\,\text{km}$ $r \approx 6{,}371 \cdot 10^3\,\text{km}$
Abplattung Volumen Masse	$(a-b) : a \approx 1 : 298$ $V_E = 1{,}083 \cdot 10^{12}\,\text{km}^3$ $m_E = 5{,}979 \cdot 10^{24}\,\text{kg}$
Mittlere Dichte Fallbeschleunigung in Höhe des Meeresspiegels – am Äquator – am Pol Mittlere Fallbeschleunigung in Höhe des Meeresspiegels	$\varrho_E = 5{,}52\,\text{g} \cdot \text{cm}^{-3}$ $g_Ä \approx 9{,}78\,\text{m} \cdot \text{s}^{-2}$ $g_P \approx 9{,}83\,\text{m} \cdot \text{s}^{-2}$ $g \approx 9{,}81\,\text{m} \cdot \text{s}^{-2}$
Mittlerer Luftdruck in Höhe des Meeresspiegels Solarkonstante Mittlere Geschwindigkeit in der Bahn	$p = 101{,}3\,\text{kPa}$ $S = 1{,}374\,\text{kW} \cdot \text{m}^{-2}$ $v_E = 29{,}785\,\text{km} \cdot \text{s}^{-1}$

Der Mond

Mittlere Entfernung von der Erde Mittlerer scheinbarer Radius Radius	$S_M = 3{,}844 \cdot 10^5\,\text{km} = 60{,}3\,R_E$ $R'_M = 15' 32{,}6'' = 0{,}259°$ $R_M = 1{,}738 \cdot 10^3\,\text{km} = 0{,}2725\,R_E$
Volumen Masse Mittlere Dichte	$V_M = 2{,}199 \cdot 10^{10}\,\text{km}^3 = 0{,}02\,V_E$ $m_M = 7{,}35 \cdot 10^{22}\,\text{kg} = 0{,}0123\,m_E$ $\varrho_M = 3{,}34\,\text{g} \cdot \text{cm}^{-3} = 0{,}61\,\varrho_E$
Fallbeschleunigung an der Oberfläche Mittlere Bahnneigung gegen die Erdbahn Monatslänge – synodisch – siderisch	$g_M = 1{,}62\,\text{m} \cdot \text{s}^{-2} = 0{,}165\,g_E$ $5° 8' 43'' = 5{,}1453°$ $t_{syn} = 29{,}53059\,\text{d}$ $t_{sid} = 27{,}32166\,\text{d}$

Die Sonne

Mittlere Entfernung von der Erde Größte (kleinste) Entfernung von der Erde Mittlerer scheinbarer Radius Radius	$S_S = 149{,}6 \cdot 10^6\,\text{km}$ $S_{max} = 152{,}1 \cdot 10^6\,\text{km}$ $(S_{min} = 147{,}1 \cdot 10^6\,\text{km})$ $R'_S = 16' 1{,}2'' = 0{,}267°$ $R_S = 6{,}958 \cdot 10^5\,\text{km} = 109\,R_E$
Volumen Masse Mittlere Dichte	$V_S = 1{,}410 \cdot 10^{18}\,\text{km}^3 = 1{,}3 \cdot 10^6\,V_E$ $m_S = 1{,}985 \cdot 10^{30}\,\text{kg} = 3{,}32 \cdot 10^5\,m_E$ $\varrho_S = 1{,}41\,\text{g} \cdot \text{cm}^{-3} = 0{,}26\,\varrho_E$
Fallbeschleunigung an der Oberfläche Leuchtkraft Scheinbare (absolute) Helligkeit Oberflächentemperatur	$g_S = 2{,}74 \cdot 10^2\,\text{m} \cdot \text{s}^{-2} = 27{,}5\,g_E$ $L_S = 3{,}861 \cdot 10^{23}\,\text{kW} \approx 4 \cdot 10^{23}\,\text{kW}$ $-26{,}^{m}9\ (+4{,}^{m}7)$ $T \approx 6000\,\text{K}$

Stöchiometrisches Rechnen

Gesuchte Größe	Gegebene Größe	Allgemeine Größengleichung
m_1	m_2	$\frac{m_1}{m_2} = \frac{n_1 \cdot M_1}{n_2 \cdot M_2}$
m_1	V_2	$\frac{m_1}{V_2} = \frac{n_1 \cdot M_1}{n_2 \cdot V_{m,2}}$
V_1	m_2	$\frac{V_1}{m_2} = \frac{n_1 \cdot V_{m,1}}{n_2 \cdot M_2}$
V_1	V_2	$\frac{V_1}{V_2} = \frac{n_1}{n_2}$

m Masse der beteiligten Stoffe, z. B. in g
V Volumen der beteiligten Stoffe, z. B. in l
M Molare Masse, z. B. in $\text{g} \cdot \text{mol}^{-1}$
V_m Molares Volumen, z. B. in $\text{l} \cdot \text{mol}^{-1}$
n Stoffmenge, z. B. in mol

Index 1: Gesuchte Größe
Index 2: Gegebene Größe

Chemische Elemente

Die angegebenen Werte in eckigen Klammern sind die molaren Massen der längstlebigen zur Zeit bekannten Atomart des betreffenden Elements.

Element	Symbol	Ordnungszahl	Relative Atommasse (gerundet)	Wichtige Oxidationszahlen	Elektronegativitätswert
Actinium	Ac	89	[227]	+3	1,1
Aluminium	Al	13	27	+3	1,5
Americium	Am	95	[243]	+3	1,3
Antimon	Sb	51	122	+3; +5; −3	1,9
Argon	Ar	18	40	±0	–
Arsen	As	33	75	+3; +5; −3	2,0
Astat	At	85	[210]	−1	2,2
Barium	Ba	56	137	+2	0,9
Berkelium	Bk	97	[247]	+3	1,3
Beryllium	Be	4	9	+2	1,5
Bismut	Bi	83	209	+3; −3	1,9
Blei	Pb	82	207	+2; +4	1,8
Bor	B	5	11	+3	2,0
Brom	Br	35	80	+1; +5; −1	2,8
Cadmium	Cd	48	112,5	+2	1,7
Caesium	Cs	55	133	+1	0,7
Calcium	Ca	20	40	+2	1,0
Californium	Cf	98	[251]		1,3
Cerium	Ce	58	140	+3	1,1
Chlor	Cl	17	35,5	+1; +3; +5; +7; −1	3,0
Chromium	Cr	24	52	+2; +3; +6	1,6
Cobalt	Co	27	59	+2; +3	1,8
Curium	Cm	96	[247]	+3	1,3
Dysprosium	Dy	66	162,5	+3	1,2
Einsteinium	Es	99	[252]		1,3
Eisen	Fe	26	56	+2; +3; +6	1,8
Erbium	Er	68	167	+3	1,2
Europium	Eu	63	152	+3	1,2
Fermium	Fm	100	[257]		1,3
Fluor	F	9	19	−1	4,0
Francium	Fr	87	[223]	+1	0,7
Gadolinium	Gd	64	157	+3	1,1
Gallium	Ga	31	70	+3	1,6
Germanium	Ge	32	72,5	+4	1,8
Gold	Au	79	197	+1; +3	2,4
Hafnium	Hf	72	178,5	+4	1,3
Helium	He	2	4	±0	–
Holmium	Ho	67	165	+3	1,2
Indium	In	49	115	+3	1,7
Iod	I	53	127	+1; +5; +7; −1	2,5
Iridium	Ir	77	192	+3; +4	2,2
Kalium	K	19	39	+1	0,8
Kohlenstoff	C	6	12	+2; +4; −2	2,5
Krypton	Kr	36	84	±0	–
Kupfer	Cu	29	63,5	+1; +2	1,9
Kurtschatovium	(Ku)	104	[261]		
Lanthan	La	57	139	+3	1,1
Lawrencium	Lr	103	[260]		1,3
Lithium	Li	3	7	+1	1,0
Lutetium	Lu	71	175	+3	1,2

Element	Symbol	Ordnungszahl	Relative Atommasse (gerundet)	Wichtige Oxidationszahlen	Elektronegativitätswert
Magnesium	Mg	12	24	+2	1,2
Mangan	Mn	25	55	+2; +4; +6; +7	1,5
Mendelevium	Md	101	[258]		1,3
Molybdän	Mo	42	96	+6	1,8
Natrium	Na	11	23	+1	0,9
Neodymium	Nd	60	144	+3	1,2
Neon	Ne	10	20	±0	–
Neptunium	Np	93	237	+5	1,3
Nickel	Ni	28	59	+2	1,8
Nielsbohrium	(Ns)	105	[262]		–
Niobium	Nb	41	93	+5	1,6
Nobelium	No	102	[255]		1,3
Osmium	Os	76	190	+4; +8	2,2
Palladium	Pd	46	106	+2; +4	2,2
Phosphor	P	15	31	+3; +5; −3	2,1
Platin	Pt	78	195	+2; +4	2,2
Plutonium	Pu	94	[244]	+4	1,3
Polonium	Po	84	[209]	+4; −2	2,0
Praseodymium	Pr	59	141	+3	1,1
Promethium	Pm	61	[145]	+3	1,1
Protactinium	Pa	91	231	+5	1,5
Quecksilber	Hg	80	200,5	+1; +2	1,9
Radium	Ra	88	226	+2	0,9
Radon	Rn	86	[222]	±0	–
Rhenium	Re	75	186	+7	1,9
Rhodium	Rh	45	103	+3; +4	2,2
Rubidium	Rb	37	85,5	+1	0,8
Ruthenium	Ru	44	101	+4; +8	2,2
Samarium	Sm	62	150	+3	1,2
Sauerstoff	O	8	16	−2	3,5
Scandium	Sc	21	45	+3	1,3
Schwefel	S	16	32	+4; +6; −2	2,5
Selen	Se	34	79	+4; +6; −2	2,4
Silber	Ag	47	108	+1	1,9
Silicium	Si	14	28	+4; −4	1,6
Stickstoff	N	7	14	+3; +5; −3	3,0
Strontium	Sr	38	87,5	+2	1,0
Tantal	Ta	73	181	+5	1,5
Technetium	Tc	43	[97]	+7	1,9
Tellur	Te	52	127,5	+4; +6; −2	2,1
Terbium	Tb	65	159	+3	1,2
Thallium	Tl	81	204	+3	1,8
Thorium	Th	90	232	+4	1,3
Thulium	Tm	69	169	+3	1,2
Titanium	Ti	22	48	+4	1,5
Uranium	U	92	238	+4; +5; +6	1,7
Vanadium	V	23	51	+5	1,6
Wasserstoff	H	1	1	+1; −1	2,1
Wolfram	W	74	184	+6	1,7
Xenon	Xe	54	131	±0	–
Ytterbium	Yb	70	173	+3	1,1
Yttrium	Y	39	89	+3	1,3
Zink	Zn	30	65	+2	1,6
Zinn	Sn	50	119	+2; +4	1,8
Zirconium	Zr	40	91	+4	1,4

Atombau der Elemente

Bei den mit * bezeichneten Elementen bestehen bei den Atomen Abweichungen in der Anordnung der neu hinzukommenden Elektronen oder es ist die Anordnung derselben nicht gesichert.

Periode	Protonenanzahl = Ordnungszahl	Element		Elektronenanzahl der Schale						
		Name	Symbol	1.	2.	3.	4.	5.	6.	7.
1	1	Wasserstoff	H	1						
	2	Helium	He	2						
2	3	Lithium	Li	2	1					
	4	Beryllium	Be	2	2					
	5	Bor	B	2	3					
	6	Kohlenstoff	C	2	4					
	7	Stickstoff	N	2	5					
	8	Sauerstoff	O	2	6					
	9	Fluor	F	2	7					
	10	Neon	Ne	2	8					
3	11	Natrium	Na	2	8	1				
	12	Magnesium	Mg	2	8	2				
	13	Aluminium	Al	2	8	3				
	14	Silicium	Si	2	8	4				
	15	Phosphor	P	2	8	5				
	16	Schwefel	S	2	8	6				
	17	Chlor	Cl	2	8	7				
	18	Argon	Ar	2	8	8				
4	19	Kalium	K	2	8	8	1			
	20	Calcium	Ca	2	8	8	2			
	21	Scandium	Sc	2	8	8 + 1	2			
	22	Titanium	Ti	2	8	8 + 2	2			
	23	Vanadium	V	2	8	8 + 3	2			
	24	Chromium	Cr	2	8	8 + 4	2*			
	25	Mangan	Mn	2	8	8 + 5	2			
	26	Eisen	Fe	2	8	8 + 6	2			
	27	Cobalt	Co	2	8	8 + 7	2			
	28	Nickel	Ni	2	8	8 + 8	2			
	29	Kupfer	Cu	2	8	8 + 9	2*			
	30	Zink	Zn	2	8	8 + 10	2			
	31	Gallium	Ga	2	8	18	3			
	32	Germanium	Ge	2	8	18	4			
	33	Arsen	As	2	8	18	5			
	34	Selen	Se	2	8	18	6			
	35	Brom	Br	2	8	18	7			
	36	Krypton	Kr	2	8	18	8			
5	37	Rubidium	Rb	2	8	18	8	1		
	38	Strontium	Sr	2	8	18	8	2		
	39	Yttrium	Y	2	8	18	8 + 1	2		
	40	Zirconium	Zr	2	8	18	8 + 2	2		
	41	Niobium	Nb	2	8	18	8 + 3	2*		
	42	Molybdän	Mo	2	8	18	8 + 4	2*		
	43	Technetium	Tc	2	8	18	8 + 5	2		
	44	Ruthenium	Ru	2	8	18	8 + 6	2*		
	45	Rhodium	Rh	2	8	18	8 + 7	2*		
	46	Palladium	Pd	2	8	18	8 + 8	2*		
	47	Silber	Ag	2	8	18	8 + 9	2*		
	48	Cadmium	Cd	2	8	18	8 + 10	2		
	49	Indium	In	2	8	18	18	3		
	50	Zinn	Sn	2	8	18	18	4		
	51	Antimon	Sb	2	8	18	18	5		
	52	Tellur	Te	2	8	18	18	6		

58

Periode	Protonenanzahl = Ordnungszahl	Element		Elektronenanzahl der Schale						
		Name	Symbol	1.	2.	3.	4.	5.	6.	7.
5	53	Iod	I	2	8	18	18	7		
	54	Xenon	Xe	2	8	18	18	8		
6	55	Caesium	Cs	2	8	18	18	8	1	
	56	Barium	Ba	2	8	18	18	8	2	
	57	Lanthan	La	2	8	18	18	8 + 1	2	
	58	Cerium	Ce	2	8	18	18 + 1	8 + 1	2	
	59	Praseodymium	Pr	2	8	18	18 + 2	8 + 1	2	
	60	Neodymium	Nd	2	8	18	18 + 3	8 + 1	2*	
	61	Promethium	Pm	2	8	18	18 + 4	8 + 1	2*	
	62	Samarium	Sm	2	8	18	18 + 5	8 + 1	2*	
	63	Europium	Eu	2	8	18	18 + 6	8 + 1	2*	
	64	Gadolinium	Gd	2	8	18	18 + 7	8 + 1	2	
	65	Terbium	Tb	2	8	18	18 + 8	8 + 1	2	
	66	Dysprosium	Dy	2	8	18	18 + 9	8 + 1	2	
	67	Holmium	Ho	2	8	18	18 + 10	8 + 1	2	
	68	Erbium	Er	2	8	18	18 + 11	8 + 1	2	
	69	Thulium	Tm	2	8	18	18 + 12	8 + 1	2*	
	70	Ytterbium	Yb	2	8	18	18 + 13	8 + 1	2*	
	71	Lutetium	Lu	2	8	18	18 + 14	8 + 1	2	
	72	Hafnium	Hf	2	8	18	32	8 + 2	2	
	73	Tantal	Ta	2	8	18	32	8 + 3	2	
	74	Wolfram	W	2	8	18	32	8 + 4	2	
	75	Rhenium	Re	2	8	18	32	8 + 5	2	
	76	Osmium	Os	2	8	18	32	8 + 6	2	
	77	Iridium	Ir	2	8	18	32	8 + 7	2	
	78	Platin	Pt	2	8	18	32	8 + 8	2*	
	79	Gold	Au	2	8	18	32	8 + 9	2*	
	80	Quecksilber	Hg	2	8	18	32	8 + 10	2	
	81	Thallium	Tl	2	8	18	32	18	3	
	82	Blei	Pb	2	8	18	32	18	4	
	83	Bismut	Bi	2	8	18	32	18	5	
	84	Polonium	Po	2	8	18	32	18	6	
	85	Astat	At	2	8	18	32	18	7	
	86	Radon	Rn	2	8	18	32	18	8	
7	87	Francium	Fr	2	8	18	32	18	8	1
	88	Radium	Ra	2	8	18	32	18	8	2
	89	Actinium	Ac	2	8	18	32	18	8 + 1	2
	90	Thorium	Th	2	8	18	32	18 + 1	8 + 1	2*
	91	Protactinium	Pa	2	8	18	32	18 + 2	8 + 1	2*
	92	Uranium	U	2	8	18	32	18 + 3	8 + 1	2*
	93	Neptunium	Np	2	8	18	32	18 + 4	8 + 1	2*
	94	Plutonium	Pu	2	8	18	32	18 + 5	8 + 1	2*
	95	Americium	Am	2	8	18	32	18 + 6	8 + 1	2*
	96	Curium	Cm	2	8	18	32	18 + 7	8 + 1	2*
	97	Berkelium	Bk	2	8	18	32	18 + 8	8 + 1	2*
	98	Californium	Cf	2	8	18	32	18 + 9	8 + 1	2*
	99	Einsteinium	Es	2	8	18	32	18 + 10	8 + 1	2*
	100	Fermium	Fm	2	8	18	32	18 + 11	8 + 1	2*
	101	Mendelevium	Md	2	8	18	32	18 + 12	8 + 1	2*
	102	Nobelium	No	2	8	18	32	18 + 13	8 + 1	2*
	103	Lawrencium	Lr	2	8	18	32	18 + 14	8 + 1	2*
	104	Kurtschatovium	(Ku)	2	8	18	32	32	8 + 2	2*
	105	Nielsbohrium	(Ns)	2	8	18	32	32	8 + 3	2*

Anorganische Stoffe (zers. bedeutet: zersetzlich; subl. bedeutet: sublimiert)

Name	Symbol bzw. Formel	Molare Masse M in $\frac{g}{mol}$ (gerundet)	Dichte ϱ in $\frac{g}{cm^3}$	Schmelztemperatur ϑ_s in °C	Siedetemperatur ϑ_v in °C
Aluminium	Al	27	2,70	660	2450
Aluminiumbromid	$AlBr_3$	267	3,20	97,5	257
Aluminiumchlorid	$AlCl_3$	133	2,44	—	subl. bei 180
Aluminiumhydroxid	$Al(OH)_3$	78	2,42	200	
Aluminiumiodid	AlI_3	408	3,89	191	386
Aluminiumoxid	Al_2O_3	102	3,90	2045	3530
Aluminiumsulfat	$Al_2(SO_4)_3$	342	2,71	zers. ab 600	—
Ammoniak	NH_3	17	0,77 $\frac{g}{l}$	−77,7	−33,4
Ammoniumcarbonat	$(NH_4)_2CO_3$	96		zers. ab 58	—
Ammoniumchlorid	NH_4Cl	53,5	1,54		subl. bei 335
Ammoniumnitrat	NH_4NO_3	80	1,73	169	zers. ab 200
Ammoniumsulfat	$(NH_4)_2SO_4$	132	1,77	513	zers.
Barium	Ba	137	3,65	710	1696
Bariumcarbonat	$BaCO_3$	197	4,30	≈ 1750	
Bariumchlorid	$BaCl_2$	208	3,09	955	1562
Bariumhydroxid	$Ba(OH)_2$	171	4,50	78	103
Bariumsulfat	$BaSO_4$	233	4,48	1350	—
Blei	Pb	207	11,34	327	1755
Blei(II)-chlorid	$PbCl_2$	278	5,85	498	954
Blei(II)-iodid	PbI_2	461	6,06	412	872
Blei(II)-nitrat	$Pb(NO_3)_2$	331	4,53	zers. ab 200	—
Blei(II)-oxid	PbO	223	9,53	890	1470
Blei(II,IV)-oxid	Pb_3O_4	685	9,10	zers. ab 830	—
Blei(IV)-oxid	PbO_2	239	9,37	zers.	
Blei(II)-sulfid	PbS	239	7,5	1114	—
Brom	Br_2	160	3,14	−7	59
Bromwasserstoff	HBr	81	3,64 $\frac{g}{l}$	−87	−67
Calcium	Ca	40	1,52	851	1439
Calciumcarbid	CaC_2	64	2,22	2300	
Calciumcarbonat	$CaCO_3$	100	2,93	zers. ab 825	—
Calciumchlorid	$CaCl_2$	111	2,15	772	> 1600
Calciumfluorid	CaF_2	78	3,18	1392	2500
Calciumhydroxid	$Ca(OH)_2$	74	2,23	zers.	—
Calciumnitrat	$Ca(NO_3)_2$	164	2,47	561	—
Calciumoxid	CaO	56	3,40	2572	2850
Calciumphosphat	$Ca_3(PO_4)_2$	310	3,14	1730	
Calciumsulfat	$CaSO_4$	136	2,96	1297	
Chlor	Cl_2	71	3,214 $\frac{g}{l}$	−101	−34
Chlorwasserstoff	HCl	36,5	1,639 $\frac{g}{l}$	−112	−85
Chromium	Cr	52	7,19	1875	2327
Cobalt	Co	59	8,83	1490	3185

Name	Symbol bzw. Formel	Molare Masse M in $\frac{g}{mol}$ (gerundet)	Dichte ϱ in $\frac{g}{cm^3}$	Schmelztemperatur ϑ_s in °C	Siedetemperatur ϑ_v in °C
Eisen	Fe	56	7,86	1537	2730
Eisen(III)-chlorid	$FeCl_3$	162,5	2,80	304	319
Eisen(II)-nitrat	$Fe(NO_3)_2$	180		60,5	—
Eisen(II)-oxid	FeO	72	5,70	1360	
Eisen(III)-oxid	Fe_2O_3	160	5,24	1565	
Eisen(II,III)-oxid	Fe_3O_4	231,5	5,18	1530	
Eisen(II)-sulfat	$FeSO_4$	152	2,84	—	—
Eisen(II)-sulfid	FeS	88	4,84	1195	
Fluor	F_2	38	1,69 $\frac{g}{l}$	−220	−188
Fluorwasserstoff	HF	20	0,99 (flüssig)	−88	20
Gold	Au	197	19,3	1063	2677
Helium	He	4	0,178 $\frac{g}{l}$	−270	−269
Iod	I_2	254	4,93	114	185
Iodwasserstoff	HI	128	5,79 $\frac{g}{l}$	−51	−35
Kalium	K	39	0,86	64	776
Kaliumbromid	KBr	119	2,75	742	1382
Kaliumcarbonat	K_2CO_3	138	2,43	897	—
Kaliumchlorid	KCl	74,5	1,98	770	1405
Kaliumdichromat	$K_2Cr_2O_7$	294	2,69	395	zers. ab 500
Kaliumhydroxid	KOH	56	2,04	360	1327
Kaliumiodid	KI	166	3,13	682	1324
Kaliumnitrat	KNO_3	101	2,11	308	zers. ab 400
Kaliumpermanganat	$KMnO_4$	158	2,70	zers. ab 240	—
Kaliumphosphat	K_3PO_4	212	2,56	1340	—
Kaliumsulfat	K_2SO_4	174	2,66	1096	—
Kohlendioxid	CO_2	44	1,977 $\frac{g}{l}$	—	subl. bei −78,5
Kohlendisulfid	CS_2	76	1,26	−112	46
Kohlenmonoxid	CO	28	1,250 $\frac{g}{l}$	−205	−192
Kohlenstoff Diamant	C	12	3,51	3540	4347
Graphit	C	12	2,25	3805	4347
Kupfer	Cu	63,5	8,93	1083	2595
Kupfer(I)-chlorid	CuCl	99	3,53	432	1490
Kupfer(II)-chlorid	$CuCl_2$	134,5	3,05	630	655
Kupfer(II)-nitrat	$Cu(NO_3)_2$	188		114,5	—
Kupfer(I)-oxid	Cu_2O	143	6,0	1232	
Kupfer(II)-oxid	CuO	79,5	6,45	zers. ab 1336	—
Kupfer(II)-sulfat	$CuSO_4$	159,5	3,61	200	zers. ab 650
Kupfer(I)-sulfid	Cu_2S	159		1130	
Kupfer(II)-sulfid	CuS	95,5	4,6	zers. ab 200	—
Magnesium	Mg	24	1,71	650	1110
Magnesiumbromid	$MgBr_2$	184	3,72	711	1230
Magnesiumcarbonat	$MgCO_3$	84	3,04	zers. ab 350	—
Magnesiumchlorid	$MgCl_2$	95	2,32	712	1420
Magnesiumnitrat	$Mg(NO_3)_2$	148		90	—
Magnesiumoxid	MgO	40	3,65	2640	2800
Magnesiumphosphat	$Mg_3(PO_4)_2$	263		1184	—
Magnesiumsulfat	$MgSO_4$	120	2,66	1127	
Mangan	Mn	55	7,21	1244	2152

Name	Symbol bzw. Formel	Molare Masse M in $\frac{g}{mol}$ (gerundet)	Dichte ϱ in $\frac{g}{cm^3}$	Schmelztemperatur ϑ_s in °C	Siedetemperatur ϑ_v in °C
Natrium	Na	23	0,97	98	883
Natriumbromid	$NaBr$	103	3,21	747	1390
Natriumcarbonat	Na_2CO_3	106	2,53	852	zers. ab 1600
Natriumchlorid	$NaCl$	58,5	2,16	800	1465
Natriumhydroxid	$NaOH$	40	2,13	122	1390
Natriumiodid	NaI	150	3,67	662	1305
Natriumnitrat	$NaNO_3$	85	2,25	310	zers. ab 380
Natriumphosphat	Na_3PO_4	164	1,62	zers. ab 73,4	–
Natriumsulfat	Na_2SO_4	142	2,69	884	
Nickel	Ni	59	8,90	1453	3177
Phosphor (weiß)	P	31	1,82	44	280
Phosphor(V)-oxid	P_2O_5	142	2,11	–	subl. bei 358
Phosphorsäure	H_3PO_4	98	1,88	42	–
Platin	Pt	195	21,45	1773	3827
Quecksilber	Hg	200,5	13,59	−39	357
Salpetersäure	HNO_3	63	1,51	−47	zers. ab 86
Sauerstoff	O_2	32	1,429 $\frac{g}{l}$	−219	−183
Schwefel (rhombisch)	S	32	2,07	113	445
Schwefeldioxid	SO_2	64	2,926 $\frac{g}{l}$	−76	−10
Schwefelsäure	H_2SO_4	98	1,83	11	zers. ab 338
Schwefeltrioxid	SO_3	80	2,75	17	45
Schwefelwasserstoff	H_2S	34	1,529 $\frac{g}{l}$	−86	−60
Silber	Ag	108	10,50	961	2180
Silberbromid	$AgBr$	188	6,47	430	zers. ab 700
Silberchlorid	$AgCl$	143	5,56	455	1554
Silberiodid	AgI	235	5,71	557	1506
Silbernitrat	$AgNO_3$	170	4,35	209	zers. ab 444
Silicium	Si	28	2,4	1414	2630
Siliciumdioxid (Quarz)	SiO_2	60	2,65	1470	2230
Stickstoff	N_2	28	1,251 $\frac{g}{l}$	−210	−195,8
Stickstoffdioxid	NO_2	46	1,49 $\frac{g}{l}$	−11	21
Stickstoffmonoxid	NO	30	1,340 $\frac{g}{l}$	−164	−152
Wasser	H_2O	18	1,0	0	100
Wasserstoff	H_2	2	0,089 $\frac{g}{l}$	−259	−253
Wasserstoffperoxid	H_2O_2	34	1,46	−2	152
Zink	Zn	65	7,13	419	907
Zinkbromid	$ZnBr_2$	225	4,22	394	650
Zinkchlorid	$ZnCl_2$	136	2,91	313	732
Zinknitrat	$Zn(NO_3)_2$	189		36,4	–
Zinkoxid	ZnO	81	5,47	1975	subl. bei 1800
Zinksulfat	$ZnSO_4$	161	3,74	zers. ab 740	–
Zinksulfid	ZnS	97	4,03	1850	subl. bei 1180
Zinn	Sn	119	7,28	232	2430
Zinn(IV)-oxid	SnO_2	151	6,95	1900	subl. bei 1900

Organische Stoffe (zers. bedeutet: zersetzlich; subl. bedeutet: sublimiert)

Name	Formel	Molare Masse *M* in $\frac{g}{mol}$ (gerund.)	Dichte ϱ in $\frac{g}{cm^3}$	Schmelztemperatur ϑ_s in °C	Siedetemperatur ϑ_v in °C
Acrylnitril	$CH_2{=}CH{-}CN$	53	0,81	−82	78
2-Amino-ethansäure (Glycokoll)	$CH_2(NH_2){-}COOH$	75	1,16	zers. ab 232	–
2-Amino-propansäure (Alanin)	$CH_2{-}CH(NH_2){-}COOH$	89		zers. ab 297	–
Benzen	C_6H_6	78	0,88	5,49	80,1
Brombenzen	C_6H_5Br	157	1,85	−30,6	155,6
Bromethan	$CH_3{-}CH_2{-}Br$	109	1,46	−119	38,4
Brommethan	$CH_3{-}Br$	95	1,73	−93,3	4,6
Buta-1,3-dien	$CH_2{=}CH{-}CH{=}CH_2$	54	0,65/−6 °C	−113	−5/99 kPa
Butan	C_4H_{10}	58	2,70 $\frac{g}{l}$	−135	−0,5
Butansäure	$C_3H_7{-}COOH$	88	0,96	−4,7	164
Chlorethan	$CH_3{-}CH_2{-}Cl$	64,5	0,92/6 °C	−138,7	13,1
Chlorethen (Vinylchlorid)	$CH_2{=}CH{-}Cl$	62,5	0,97/−13 °C	−159,7	−13,9
Chlormethan	$CH_3{-}Cl$	50,5	2,31 $\frac{g}{l}$	−93	−23,7
Cyclohexan	C_6H_{12}	84	0,779	6,6	80,8
1,2-Dibromethan	$Br{-}CH_2{-}CH_2{-}Br$	188	2,18	10	131,6
1,2-Dichlorethan	$Cl{-}CH_2{-}CH_2{-}Cl$	99	1,26	−35,5	83,7
Dichlormethan	$Cl{-}CH_2{-}Cl$	85	1,34	−96,7	40,7
Ethan	$CH_3{-}CH_3$	30	1,356 $\frac{g}{l}$	−172	−88,5
Ethanal (Acetaldehyd)	$CH_3{-}CHO$	44	0,788/13 °C	−123	20,2
Ethanol	$C_2H_5{-}OH$	46	0,789	−114	78,4
Ethansäure (Essigsäure)	$CH_3{-}COOH$	60	1,05	16,6	118,1
Ethansäureethylester	$CH_3{-}COO{-}C_2H_5$	88	0,899	−83	77,1
Ethansäuremethylester	$CH_3{-}COO{-}CH_3$	74	0,92	−98	56,9
Ethen	$CH_2{=}CH_2$	28	1,26 $\frac{g}{l}$	−169,5	−103,9
Ethin	$CH{\equiv}CH$	26	1,17 $\frac{g}{l}$	−81,8/119 kPa	subl. −83,8
Ethylbenzen	$C_6H_5{-}CH_2{-}CH_3$	106	0,87	−93,9	136,2
Glucose	$C_6H_{12}O_6$	180	1,54/25 °C	146	zers. ab 200
Glycerol	$\underset{OH}{\underset{\mid}{CH_2}}{-}\underset{OH}{\underset{\mid}{CH}}{-}\underset{OH}{\underset{\mid}{CH_2}}$	92	1,26	17,9	172/1,5 kPa
Harnstoff	$NH_2{-}CO{-}NH_2$	60	1,34	132,7	zers.
Hexadecansäure	$C_{15}H_{31}{-}COOH$	256	0,85/62 °C	62,6	219/2,7 kPa
Hexan	$CH_3{-}(CH_2)_4{-}CH_3$	86	0,659	−94,3	68,7

SANDRA + SEBASTIAN

Name	Formel	Molare Masse M in $\frac{g}{mol}$ (gerund.)	Dichte ϱ in $\frac{g}{cm^3}$	Schmelztemperatur ϑ_s in °C	Siedetemperatur ϑ_v in °C
Methan	CH_4	16	0,72 $\frac{g}{l}$	−184	−164
Methanal (Formaldehyd)	$H-CHO$	30	0,82/ −20 °C	−92	−21
Methanol	CH_3-OH	32	0,792	−97,7	64,7
Methansäure	$H-COOH$	46	1,23	8,4	100,5
Methylbenzen (Toluen)	$C_6H_5-CH_3$	92	0,87/15 °C	−95,3	110,8
Octadecansäure	$C_{17}H_{35}-COOH$	284	0,84/80 °C	69,4	291/ 13,3 kPa
Octadecensäure	$C_{17}H_{33}-COOH$	282	0,89/25 °C	14	205/0,7 kPa
Phenol	C_6H_5-OH	94	1,05/45 °C	41	181,4
Propan	$CH_3-CH_2-CH_3$	44	2,02 $\frac{g}{l}$	−189,9	−42,1
Propanal	CH_3-CH_2-CHO	58	0,81	−81	48
Propan-1-ol	C_3H_7-OH	60	0,80	−126	97,2
Propansäure	CH_3-CH_2-COOH	74	0,99/15 °C	−19,7	140,7
Propen	$CH_3-CH=CH_2$	42	1,92 $\frac{g}{l}$	−185,2	−47
1,1,2,2-Tetrachlorethan	$Cl_2-CH-CH-Cl_2$	168	1,60	−42,5	146,2
Tetrachlormethan	CCl_4	154	1,60	−22,9	76,7
Trichlormethan	$CHCl_3$	119,5	1,50/15 °C	−63,5	61,2
Styren	$C_6H_5-CH=CH_2$	104	0,907	−30,6	146,2

Größengleichungen aus der Chemie

Relative Atommasse A_r	Quotient aus der absoluten Masse eines Atoms eines Elements und dem zwölften Teil der Atommasse des Kohlenstoffatoms $^{12}_{6}C$.
Stoffmenge n (Objektmenge)	Basisgröße; Einheit: Mol 1 Mol ist die Stoffmenge, die aus so vielen gleichartigen Teilchen (Moleküle, Atome, Ionen, Radikale, andere Elementarteilchen, Formeleinheiten u. a.) besteht, wie Atome in 12 g Kohlenstoff $^{12}_{6}C$ enthalten sind.
Molare Masse M	$M = \frac{m}{n}$ m Masse, z. B. in g n Stoffmenge, z. B. in mol
Molares Volumen V_m	$V_m = \frac{V}{n}$ $V_m = \frac{M}{\varrho}$ V Volumen, z. B. in l n Stoffmenge, z. B. in mol M Molare Masse, z. B. in $\frac{g}{mol}$ ϱ Dichte, z. B. in $\frac{g}{cm^3}$
Stoffmengenkonzentration C_B	$C_B = \frac{n_B}{V}$ n_B Stoffmenge des Stoffes B, z. B. in mol V Volumen, z. B. in l
Reaktionsgeschwindigkeit v	Änderung der Konzentration der reagierenden Stoffe in der Zeit $v = \frac{\Delta C}{\Delta t}$
Chem. Gleichgewicht	$\Delta C = 0$; $V_C = 0$ ($v_{Hin} = v_{Rück}$)

Register